가짜과학 세상을 여행하는 팩트체커를 위한 안내서

가짜과학 세상을 여행하는
팩트체커를 위한 안내서

선정수 지음

초판 1쇄 발행일 2023년 4월 14일
펴낸이 이숙진 **펴낸곳** (주)크레용하우스 **출판등록** 제1998-000024호
주소 서울 광진구 천호대로 709-9 **전화** (02)3436-1711 **팩스** (02)3436-1410
홈페이지 www.crayonhouse.co.kr **이메일** crayon@crayonhouse.co.kr

* 빛은책들은 재미와 가치가 공존하는 ㈜크레용하우스의 도서 브랜드입니다.
* KC마크는 이 제품이 공통안전기준에 적합하였음을 의미합니다.

ISBN 978-89-5547-995-9 04400

가짜과학 세상을 여행하는 팩트체커를 위한 안내서

선정수 지음

빛은
책들

★ 감수글 ★

과학은 삶에 봉사할 수 있다

김우재(초파리 과학자/하얼빈공업대학교 생명과학연구센터 교수)

코로나19 방역에 마스크 착용과 백신 접종이 최선의 방법이라는 전문가들의 합의가 이루어진 후에도, 백신음모론자들은 가짜뉴스와 근거 없는 소식을 대중에게 알리며 백신거부운동을 벌였다. 한국에선 그나마 덜했지만, 유럽과 미국에서 백신거부운동은 상당수 시민이 동조하는 일종의 저항운동으로까지 발전했다.

프랑스에 거주하는 작가 목수정은 인터넷 자료와 의학자나 과학자 가운데 정부 정책에 반대하는 이들의 목소리를 빌려, 자신의 페이스북과 인터넷 매체를 통해 한국에 백신음모론을 퍼뜨린 유명 진보 지식인 중 한 명이다. 나는 소위 한국 좌파 지식인으로 꽤 유명세를 타던 그를 통해 전해지는 백신음모론이 대중에게 위험한 가짜뉴스가 될 수도 있다는 판단으로 한겨레신문에서 연재하던 내 칼럼에 그를 실명 비판하는 글을 썼다.

흥미로운 일은 그다음에 벌어졌다. 한겨레신문은 백신음모론자인 목수정에게도 발언권을 보장한다는 명분으로, 내 칼럼에 대한 목수정의 반론을 지면에 실었고, 나는 그 글을 재차 반론해야 한다며 한겨레 데스크와 논쟁했다. 백신 접종자와 키스하면 바이러스의 스파이크 단백질이 전염된다는 둥, 코로나19를 예방하는 데 솔잎차가 백신보다 낫다는 둥의 헛소리에 가까운 말들은 한겨레출판에 의해 최근 책으로까지 출판됐다. 한겨레신문사 내부에 목수정과 동조하는 백신음모론자가 존재한다는 음모론 혹은 합리적 의심까지 할 지경이었다.

선정수 기자는 코로나19 팬데믹에서 대중을 현혹하는 여러 가짜뉴스를 꾸준히 팩트체크해온 인물이다. 그는 코골이 방지용 비강확장기를 코로나19 퇴치에 효과가 있다고 선전하는 회사와 법정 분쟁까지 벌일 정도로 오직 공익을 위해, 가짜뉴스 팩트체크에 전념해왔다. 출판사에서 이 책을 제의했을 때, 나는 나보다 선정수 기자가 더 어울릴 사람이라고 적극 추천했다. 실제로 한국에서 유사과학 및 가짜뉴스에 맞서 최전선에서 싸우는 몇 안 되는 사람에 바로 선정수 기자가 포함되기 때문이다.

이 책은 그동안 선정수 기자가 직접 발로 뛴 팩트체크 여정을 그린다. 코고리 회사와의 전투 과정과 아무도 알아주지 않지만 수많은 유사종교와 유사과학이 대중을 현혹해 사기를 칠 때, 지면을 통해 꼼꼼히 팩트체크를 해온 그의 행적이 이 책에 녹아 있다. 아직도 코로나19로 매일 수십 명의 한국인이 죽어가는 지금(2023년 2월 현재), 우리는 과학이 사회와 삶에 봉사하는 또 다른 방법을 이 책에서 배울 수 있다. 과학은, 과학의 권위를 이용해 공익을 위협하는 사기꾼으로부터 우리 삶을 보호해줄 수 있다. 비엔나 학단의 선언문 마지막 구절("과학적 세계 이해는 삶에 봉사하며, 삶은 그것을 받아들인다")처럼, 과학은 그렇게 우리 삶에 봉사한다.

★ 머리말 ★

처음 출간 제의를 받았을 때 '왜 나를?'이라는 생각이 들었습니다. 신문방송학과를 졸업하고 온갖 출입처를 돌아다니며 기사를 쓴 지 20년. '내가 과학 사칭자에게 속지 않는 법을 독자에게 알리는 데 적당한 작가인가?' 하는 생각이 든 것이죠.. 수락 여부를 고심하던 그날, 머릿속에는 온통 사기꾼들 생각뿐이었습니다. 20년 전 개발한 코골이 방지용 비강확장기를 '코로나19' 퇴치에 효과가 있다고 팔아온 '코고리 아저씨'와 말도 안 되는 거짓말로 온갖 경력을 부풀려 방송 출연과 강의 사업을 성공적으로 꾸려나가던 B씨. 그리고 그들에게 속아 넘어간 수많은 사람의 얼굴이 떠올랐습니다.

초등학생이던 1980년대, 부유한 친구집에 놀러가면 맥반석 정수기가 떡하니 버티고 있던 기억이 떠오릅니다. 니스로 칠한 등나무로 만든 엄청나게 고급스러운 물건이었죠. 효소와 돼지 껍데기를 갈아 만든 마스크 팩을 동안의 비결이라며 붙이시던 친구 어머님과 혈액형에 따른 성격 유형을 철썩 같이 믿던 친구가 생각납니다. 좋은 일 하겠다며 헌혈센터에 찾아갔다가 헌혈증과 함께 전자파 차단 스티커를 받아 들고 기뻐하던 기억도 생생합니다.

코로나19 발병 초기, 정치인들이 농약통을 짊어지고 길거리에 열심히 소독약을 뿌리던 장면이 기억납니다. 황교안, 나경원, 심상정…… 여야를 가리지 않았습니다. 당시 서울시장은 수도방위사령부 군인을 불러들여 방역협의회를 열었습니다. 그리고 화학부대의 제독차를 동원해 길거리에 소독약을 쏟아부었습니다. 방송사와 신문사 카메라는 이 장관을 놓칠세라 열심히 취재 경쟁을 벌였습니다. 특정 종교 단체에서 집단 발병이 있었고, 지역 대형 병원에서 그와 연관된 집단 발병이 있었습니다. 병원을 배경으로 방송기자가 카메라 앞에 섰는데 그 뒤로 벽면이 하얗게 물들 정도로 소독약을 뿌리는 장면이 비춰졌습니다.

국내에 코로나19 발병자가 나타난 후 얼마 지나지 않아 마스크 대란이 일어났습니다. 사람들은 어렵게 구한 마스크를 길거리에선 챙겨 쓰고 카페 안에서는 벗어젖힌 채 몇 시간씩 대화를 나눴습니다. 식당에 들어갔다가 사장님이 소독약을 공기 중에 뿌리는 공기 살균기를 설치했다고 자랑하기에 그냥 돌아 나온 기억도 있습니다. 기다리던 코로나19 예방접종을 받은 뒤 병원에서 나눠준 '접종 후 주의사항' 안내문에 접종 당일엔 목욕하지 말라는 말이 써 있어 의사들에게 이유를 물은 일도 있었습니다.

공포 마케팅과 안심팔이

우리 주위에 온갖 종류의 유사과학과 비과학이 판을 치고 있습니다. 과학을 사칭하는 사기꾼의 먹잇감이 되지 않으려면 약간의 피곤을 감수해야 합니다. 사기꾼은 현대인의 '시간 부족'을 노리고 있으니까요. 이들은 온갖 위험을 부풀려 소비자의 공포심을 극대화한 뒤에 자신들의 물건을 사면 문제가 해결된다는 듯이 선전합니다. 바로 '공포 마케팅'이죠. 그 대척점에는 현존하는 위협을 억지로 과소평가하는 '안심팔이'가 있습니다. 사기꾼들은 각종 숫자와 화학식을 내세우지만 찬찬히 뜯어보면 전혀 과학적이지 않죠. 조금만 주의를 기울이면 속지 않을 수 있습니다. 특히 어떤 제품을 사서 문제를 해결하려는 방식은 크게 도움이 되지 않습니다. 미세먼지 문제를 해결하려고 공기청정기를 삽니다. 수돗물에 대한 불안감은 정수기를 들여놓는 것으로 해소합니다. 실내 공기가 건조하면 가습기를 구매해 해결하고, 가습기에 끼는 물때는 가습기 살균제로 해결합니다. 다이어트를 하겠다면서 다이어트에 좋은 음식을 사 먹습니다. 손쉬운 해결책으로 보이지만 근본적으로 문제를 해결해주지는 못합니다. 오히려 이런 접근 방식은 과학을 사칭하는 사기꾼이 노리는 약점입니다. 당신의 지갑을 열기 위해서라면 그들은 어떤 거짓말이라도 할 준비가 돼 있습니다. '과학적으로 포장된 거짓말' 말이죠. 저와 함께 일상생활에서 흔히 접할 수 있는 유사과학, 비과학, 과학 사칭 등 과학이라는 이름으로 포장된 허위 정보를 격파해보시지요. 간접경험이 쌓이면 스스로 허위 정보를 탐지하고 검증할 수 있을 겁니다. 멋진 일이지요.

팩트체크를 나누다

저는 지금 팩트체크 전문 미디어 뉴스톱(www.newstof.com)에서 일하고 있습니다. '팩트체크'란 널리 알려진 특정 진술문의 내용이 사실인지 아닌지를 검증하는 작업입니다. 팩트체크 대상은 정치인의 발언, 정부의 정책 발표문 등 다양하지만 저는 우리가 건강하고 행복하게 사는 방법을 찾는 분야에 가장 관심을 기울이고 있습니다. 과학을 빙자해 거짓말을 늘어놓고 물건을 파는 무리는 검증해야 할 첫 번째 대상이지요. 일을 하면서 과학적이라고 포장된 거짓말을 많이 접했고 그런 허위 정보에 일정한 유형이 있다는 것도 눈치챘습니다. 그 노하우를 여러분과 함께 나누고 싶습니다.

1부에서는 과학을 사칭해 아무 효과도 없는, 혹은 오히려 유해한 상품을 파는 사례를 소개합니다. 2부에서는 팩트를 검증해야 할 언론이 오히려 과학 사칭을 퍼트리는 사례를 중점적으로 살펴봅니다. 3부에선 일상 속에 파고든 과학 사칭 사례를 살펴보며, 우리들 지갑에서 돈이 빠져나가지 않도록 하는 방법을 알아봅니다. 마지막 4부에서는 지금까지 살펴본 사례를 유형화해 과학 사칭의 세계에서 살아나갈 방안을 모색해보겠습니다.

이 책을 읽고 나면 과학을 사칭해 소비자들을 기만하고 경제적 이익을 취하려는 '과학 사칭 사기꾼'들의 속임수에 넘어가지 않게 될 것입니다. 덤으로 고물가 시대에 무의미한 지출을 줄일 수 있으니 가계에도 일정 부분 도움이 되리라 믿습니다. 이 책이 우리의 건강과 행복에 도움을 주고, 우리 사회가 조금이라도 더 살기 좋은 세상이 되는 데에 일조하리라 믿어 의심치 않습니다.

★ 차례 ★

2부 언론, 유사 과학의 통로

3부 알아두면 돈이 되는 비과학 팩트체크

4부 실습: 과학 사칭 걸러 내기

★ 1부 ★

과학 사칭,
당신의 지갑을 노린다

1. 지적당하지 않은 악의

키워드: 근거 없음

제보가 왔습니다. 코에 끼우기만 하면 코로나19를 예방할 수 있다면서 '코고리'라는 물건을 판다는 내용이었습니다. 말만 들어도 사기의 냄새가 풀풀 나지요. 해당 업체의 홈페이지에 들어가보니 부모님에게 선물하려고 샀다는 사용 후기가 있었습니다. 그 순간 제 부모님 얼굴이 떠올랐습니다. '이건 팩트체크해야 돼.' 또다시 아드레날린이 분출됩니다.

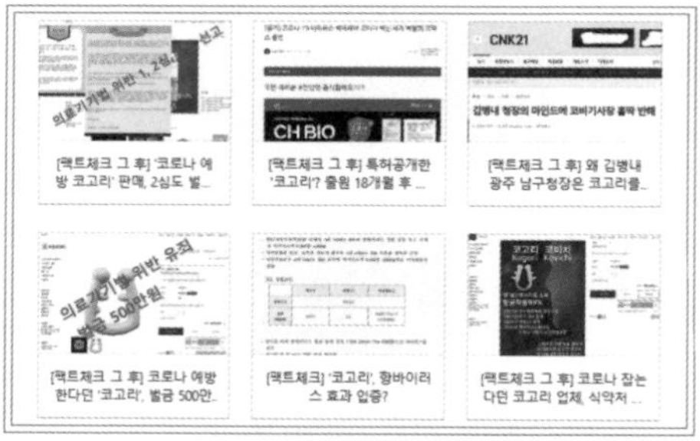

'코고리'에 관한 고발 기사 모음. (뉴스톱)

전쟁의 서막

그렇습니다. 이런 물건을 그냥 두면 결국엔 우리 가족이 피해를 보게 됩니다. 어리숙한 사람을 속여 피 같은 돈을 빨아먹는 이런 사기꾼은 무슨 수를 써서라도 막아야 합니다. 12건의 팩트체크 기사를 썼습니다. 동시에 국민신문고를 통해 제조사를 의료기기법 위반 혐의로 신고했습니다. 그 결과, 업체는 식품의약품안전처(식약처) 조사와 경찰 수사를 거쳐 벌금 300만 원의 약식명령을 받았습니다. 코골이 방지용 기기를 호흡기 질환 치료에 효과가 있다고 홍보하면서 판매한 것이 의료기기법 위반으로 인정됐습니다.

그런데 업체는 무언가 억울했는지 정식 재판을 청구했습니다. 1심 재판부는 죄질이 불량하다면서 벌금을 500만 원으로 올렸습니다. 업체는 또다시 항소했지만 기각. 대법원까지 간 사건은 결국 벌금 500만 원을 부과하는 것으로 확정됐습니다. 그러나 여전히 업체는 어처구니없는 유사 제품을 지속적으로 판매하고 있으며 일부 언론을 통해 홍보성 기사를 내보내고 있습니다. 홈페이지와 블로그 등에서는 터무니없는 주장도 지속하고 있습니다.

그들의 주장

유사과학과 사이비언론의 모든 폐해를 다 모아놨다고 보면 될 정도로 이 업체는 문제가 많습니다. 과학적으로 입증되지 않은 효과를 그럴싸한 거짓말로 광고하고 있습니다. 효과 없는 제품을 판매하면서 감염병 방역을 저해합니다. 제품의 본질과 상관없는 '인증', '특허', '수상' 등의 실적을 광고하면서 소비자를 기만합니다. 선의를 가장해 관공서에 물품을 기부하고 그걸 바탕으로 광고에 활용합니다. 관공서가 선택한 효과 있는 제품이니 믿고 써도 된다고 현혹하는 고전적인 수법입니다. 언론사의 기사형 광고도 활용합니다. 소비자들은 (인터넷)신문을 통해 또는 방송을 통해 제품 정보를 접하게 되지만 그게 광고인지 인식하지 못하는 맹점을 파고듭니다.

일단 뭐라고 주장하는지 살펴보겠습니다. 문제의 제품은 '코바기' 또는 '코고리', '코비치'라는 이름으로 팔렸거나 팔리고 있습니다. 이 제품을 만드는 곳은 전북 정읍의 '천하종합㈜'이라는 업체입니다. 처음 제보를 받고 실태를 파악하기 시작한 2021년 1월에는 쿠팡, 지마켓, 11번가 등 국내 유명 인터넷 쇼핑몰에서도 판매되고 있었습니다. 첫 취재 후 각 인터넷 쇼핑몰에 문제가 있는 제품이니 검토해달라고 연락을 취했습니다. 다행히 쇼핑몰들은 재빨리 판매를 중지했습니다.

근거를 찾기 힘들다

코뚜레 모양으로 생긴 이 물건은 콧구멍에 끼우는 제품입니다. 업체는 이 제품 등으로 "25년간 호흡기 질환을 퇴치해왔다"고 주장합니다. 이어 "실리콘과 광물질을 나노 분자로 합성한 후 인체공학적으로 성형하여 나노선이 발생한다. 원적외선이 91% 발산되며 비강 내 99.9%의 항균 탈취 작용 효과로 각종 호흡기 질환 및 코로나19를 퇴치"한다고 광고합니다. 도대체 '나노선'이라는 건 무엇일까요? 원적외선이 91% 발산된다는 건 또 무슨 소리일까요? 비강 내 항균 탈취 효과? 이런 것들이 호흡기 질환과 코로나19를 퇴치한다고? 조잡하기 짝이 없습니다. 그런데도 홈페이지에는 각종 인증서와 수상 경력이 가득합니다.

이 회사는 해당 제품이 의료기기로 등록됐다고 광고합니다. 식약처 의료기기정보포털을 검색해봤습니다. 제품의 품목은 '비강확장기'로 등록됐고 사용 목적은 '비강의 확장 등에 사용하는 기구'로 명시돼 있습니다. 코골이가 심한 사람은 비강확장기를 사용합니다. 쉽게 말하자면 콧구멍을 넓혀주는 장치죠. 코골이를 개선하려고 끼우는 장치로 코로나19를 예방할 수 있다고 말하는 근거는 무엇일까요?

코로나19 예방과 관련된 객관적 인증 자료는 없습니다. 취재를 시작할 당시 관련 정보를 아무리 찾아봐도 코로나19 바이러스를 사멸시킨다는 실험 결과는 없었습니다. 업체는 제품을 코에 끼우면 원료 물질에서 방사선이 나와 주변 15cm 이내에 존재하는 미생물을 사멸시킨다고 주장합니다.

취재와 보도가 계속되고 재판이 진행되자 이 업체는 부랴부랴 항바이러스 실험 결과를 추가했습니다. 전북대학교 인수공통전염병연구소에서 코로나19 바이러스로 실험한 결과입니다. 업체는 코로나19 바이러스 예방에 매우 적절한 결과이며 코로나19 바이러스의 증식 및 확산을 막는 기능을 증명하는 데이터라고 의미를 부여했습니다. 정말 그렇다면 노벨상을 받아야겠죠. 업체 측에 실험 자료를 요구해 꼼꼼히 살펴봤습니다.

잘못된 실험

전북대 인수공통전염병연구소의 실험은 녹색원숭이 신장 세포(vero E6)를 사용해 실험군과 대조군에 바이러스를 배양하는 방식으로 설계됐습니다. 실험군은 천하종합㈜이 제공한 '코고리 물질 시편'입니다. 제품을 만드는 원료인 셈이죠. 이 원료로 처리한 시료 위에서 바이러스 증식이 얼마나 억제되는지 보여주는 실험입니다.

배양접시 2개를 준비하고 한쪽은 아무런 처리도 하지 않은 대조군으로, 다른 한쪽은 '코고리물질'을 처리한 시료로 설정합니다. 양쪽에 바이러스가 담긴 용액을 떨어뜨린 뒤 24시간 후 바이러스가 얼마나 증식하는지를 살핍니다. 바이러스 감소율은 53.5%로 나타났습니다. 이는 업체의 주장대로 제품 주변 15cm 이내 공간에서 벌어지는 일이 아니라 제품 표면에서 일어나는 일을 실험한 것입니다. 그것도 24시간을 접촉시켜야 코로나19 바이러스를 53.5% 감소시킬 수 있는 것으로 나타났습니다. 실생활 조건에서 제품을 코에 끼웠을 때 일어나는 일을 실험한 게 아닌 데다가 항바이러스 효과도 미미합니다.

그럼에도 업체는 "코로나19 항바이러스 효과를 입증했다"고 홍보합니다. 굉장한 우격다짐이죠. 인체에 적용하는 의료기기의 효능을 평가하려면 엄격한 임상시험을 거쳐야 합니다. 이런 실험만으로는 이 제품이 코로나19 예방에 효과가 있다고 말할 수 없습니다.

효과를 증명하지 못하는 기관

이 회사는 또 각종 특허 관련 수상 경력을 내세웁니다. 특허정보검색서비스에서 찾아봤습니다. 검색 결과 이 제품은 '코골이방지구'로 특허가 등록됐습니다. 특허와 의료기기 등록 모두 코로나19와는 아무런 관련이 없습니다. 그럼에도 업체는 20여 년 동안 각종 호흡기 질병이 유행할 때마다 치료 효과가 있다며 물건을 팔아왔습니다.

미국식품의약품안전청(FDA) 등록, 유럽연합(CE) 등록을 내세우기도 합니다. 언뜻 보기엔 그럴 듯하지만 사실 아무런 의미가 없습니다. 제품의 성능을 FDA 또는 CE 마크 발급기관이 검사해 인정해준다는 의미가 아니기 때문입니다. FDA 등록은 미국에 제품을 수출하기 전에 업체를 등록하는 것입니다. 이메일 계정을 새로 여는 것과 비슷한 수준이죠. 이 제품뿐 아니라 다수의 제품이 FDA, CE 인증(등록)을 들먹입니다. 그러나 대부분 단순히 제조업체로서 등록(신고)된 상태에 해당합니다. 주소만 있으면 등록이 가능한 경우가 많습니다.

법의 심판을 받았지만

이런저런 방식으로 꾸며낸 효능, 효과, 인증, 수상 경력 등을 내세워 물건을 팔던 천하종합㈜은 약식기소로 300만 원의 벌금형을 받았지만 이에 불복해 정식 재판을 청구했고 전주지방법원 정읍지원 형사 1단독(판사 전재현) 재판부는 2022년 12월 10일 열린 선고공판에서 한 씨(천하종합㈜ 대표)의 혐의를 유죄로 판단해 500만 원의 벌금형을 내렸습니다.

비강확장기로 신고한 제품을 신고 사항과 다르게 호흡기 질환 퇴치 등에 효능·효과가 있다고 광고한 행위가 의료기기법 위반으로 인정된 거죠. 공산품으로 판매해온 다른 제품은 의료기기가 아님에도 의료기기로 오인할 만한 내용으로 광고한 행위가 의료기기법 위반으로 인정됐습니다.

왜 법원은 벌금을 늘렸을까요? 재판부는 "피고인이 무고죄 등으로 집행유예를 선고받고 집행유예 기간 중에 자중하지 않고 이 사건 범행을 한 점, 피고인이 의료기기법 위반으로 5회(2016년, 2012년, 2010년 2회, 2005년) 벌금형을 받은 전력이 있는 점, 피고인이 범행을 반성하기보다는 과학적 근거가 부족한 주장을 하며 변명으로 일관하고 있는 점" 등을 지적했습니다.

2005년부터 의료기기법 위반으로 다섯 차례나 벌금형을 선고받고도 계속 이런 일을 벌인 것이죠. 그러나 저는 솜방망이 처벌로 일관하는 우리나라 사법 시스템의 문제도 크다고 봅니다. 신종플루부터 메르스를 거쳐 코로나19까지 똑같은 제품으로 사기를 쳐도 별다른 제재를 받지 않은 겁니다. 업체 입장에선 벌금 500만 원쯤 내면 그만이고, 안 걸리면 더 좋은 것입니다. 2022년 8월에 있었던 항소심에서도 업체의 항소가 기각돼 원심이 유지됐습니다. 2022년 11월 30일 대법원은 상고를 기각해 유죄를 확정했습니다.

그러나 2023년 2월 현재 코고리는 계속 팔리고 있습니다. 수사를 받고 유죄가 확정돼도 벌금 500만 원에 그치기 때문입니다. 의료기기가 아닌 것을 의료기기로 오인하도도록 하는 행위에 대해선 행정처분을 내릴 근거도 없습니다. 적발하고 수사하고 기소하고 재판받고 벌금 내는 무한 루프가 계속되는 셈이죠.

언론이 도와주다

이 업체가 번번이 이런 사기를 계속 칠 수 있었던 배경엔 후진적인 우리나라 언론 관행도 자리잡고 있습니다. 포털사이트 뉴스 검색으로 '천하종합 코고리'를 검색하면 다수의 기사가 검색됩니다. 제가 이 업체의 위법행위를 지적하기 이전까지는 업체의 주장을 아무런 검증 없이 받아쓰거나 제품 기부를 홍보해주는 기사 또는 기사의 형식을 빌린 광고인 '애드버토리얼(advertorial)' 혹은 '인포머셜(informercial)'이 전부였습니다.

사실 거의 모든 제품 기사에서 이런 형태를 발견할 수 있습니다. 대기업부터 중소기업까지 어떤 제품을 발매했다고 보도자료를 내면 토씨 하나 안 고친 채 보도자료를 전재한 기사가 쏟아집니다. 언론사의 광고 수익과 직결되기 때문입니다. 규모를 가리지 않고 거의 모든 언론사는 전적으로 광고 수익에 의존해 생계를 유지합니다. 갈수록 기성 매체의 열독률(일정 기간 동안 특정 매체를 읽은 비율)은 낮아지고 인터넷 매체가 난립하면서 광고 유치 경쟁은 치열해지고 있습니다. 돈만 준다면 어떤 광고라도 실어줄 태세입니다.

포털사이트 다음에서 뉴스를 검색해보면 30개 매체가 코고리 제품의 홍보성 기사를 게재했습니다. 일간스포츠(5회), 데이터넷(4회), CCTV뉴스(3회), 아이티데일리(3회), 뉴스메이커(3회), 헤럴드경제(2회), 한국경제(2회), 한국미디어뉴스통신(2회) 등이 두 차례 이상 기사를 내보냈습니다. 모두 감염병 또는 호흡기 질환 예방 효과에 대한 업체의 주장만 실었을 뿐 별다른 검증 시도는 하지 않았습니다.

포털사이트 네이버에서 뉴스를 검색하면 18개 매체가 해당 제품의 홍보성 기사를 게재한 것으로 나옵니다. 한국경제가 14회로 가장 많았고 헤럴드경제(4회), 데이터넷(4회), CCTV뉴스(3회), 뉴스메이커(3회), 아이티데일리(3회), 머니투데이(2회)가 두 차례 이상 해당 제품의 홍보성 기사를 게재했습니다. 책임 있는 언론이라면 각종 질환을 예방할 수 있다고 주장하는 제품에 대해 최소한의 검증은 해야 하는 것 아닐까요? 매체들이 검증을 소홀히 한 사이에 천하종합㈜은 매체에 실린 기사를 근거로 코로나19 예방 효과까지 주장했습니다.

방송으로 신뢰를 조작하다

천하종합㈜은 YTN의 자회사 YTN life에서 제작하는 '비즈코리아' 2020년 4월 16일 28회 방송에 출연했다고 홍보합니다. 유튜브와 천하종합㈜ 홈페이지 등에서 검색되는 이 방송을 보면 YTN life 로고가 선명하고 유명 개그맨이 진행합니다. 어엿한 방송 포맷을 갖춘 셈입니다. 해당 방송은 천하종합㈜을 "자사 제품을 이웃에게 나눠주면서 주변 이웃을 돕기 위해 나선 기업"이라고 소개합니다. 비강확장기로 등록된 '코고리'를 '호흡기 질환 예방 건강보조기구 코마스크'라고 설명합니다. 코로나19라는 표현은 없지만 "현재 유행하고 있는 바이러스를 예방·차단하여 국민의 불안감을 없애고 경제를 살릴 수 있도록 전 세계에 보급할 계획"이라는 업체 대표의 발언까지 내보냅니다.

YTN life에 게시된 전화번호로 전화를 걸었습니다. 영상을 제작한 외주 업체로 연결됐습니다. 이 외주 제작사는 천하종합㈜이 홍보 영상 제작에 얼마를 지불했는지 구체적인 액수는 밝히지 않았습니다. 다만 업체가 방송에 출연하기 위해 대가를 지불했느냐는 물음에 "그렇다"라고 답했습니다.

결국 언론들이 코고리와 같은 유사과학 제품을 검증 없이 홍보해줘서 이 제품이 계속 팔릴 수 있었던 것으로 보입니다. 정확한 금액은 파악되지 않지만 언론은 보도의 대가로 업체로부터 경제적 이익을 취한 것으로 추정됩니다. 기초적인 검색만 해봐도 해당 제품이 질병 예방과는 아무런 관련이 없음을 알 수 있습니다. 기사를 쓴 기자들, 방송을 제작한 관계자들은 정말 코고리가 코로나19 및 호흡기 질환 예방에 효과가 있다고 생각했을까요? 언론 종사자들은 자기 가족에게 이 제품을 써보라고 권했을까요?

최근까지도 언론들의 도를 넘은 기사 '엿바꾸기'는 계속되고 있습니다. 일부 지역 언론은 지자체장과 코고리 업체의 만남을 주선하기도 했습니다. 지역 언론은 "이를 대민 접촉 공무원, 노인정에 배부할 계획"이라고 보도했습니다. 이에 대해 지자체 관계자는 '무상으로 준다고 하니 실무자가 제품을 검증하는 데 소홀했다. 코로나19에 대한 효능은 신뢰할 수 없으며, 코골이 효능이나 비염 효과는 직접 체험해보고 나서 주민 전달 여부를 결정하겠다고 기부자에게 밝힌 게 전부'라고 해명했습니다.

지금도 믿음을 악용하고 있다

오늘도 많은 업자가 온갖 제품을 만들고 과학적으로 검증됐다는 여러 가지 숫자와 증명을 제시하며 물건을 판매하고 있습니다. 소비자들은 '효과 없고 위험한 제품을 나라에서 팔게 내버려두겠어?'라는 마음으로 물건을 구매하고 있지요. 이런 태도는 굉장히 위험합니다. 현재 우리나라의 제도와 인력으로는 모든 제품의 효과와 안전성을 확인할 수 없습니다. 언론이 그 중간에서 검증 역할을 해주면 좋겠지만 오히려 돈을 받고 문제 많은 제품을 홍보하고 있습니다. 결국 나와 우리 가족의 안전은 스스로 지켜야 하고, 시판되는 제품이라 하더라도 안전성과 효과가 입증됐는지 직접 세심하게 살필 수밖에 없습니다.

제품의 안전성은 KC마크로 확인할 수 있습니다. 전기용품 및 생활용품 안전관리법에 따른 각종 기준을 충족한 제품에 부여되는 표시입니다. 살충제, 살균제, 방향제 등 생활화학제품과 살생물제는 안전기준확인마크가 있는지 확인하는 게 좋습니다.

아쉽게도 제품의 성능과 효과는 속 시원하게 이야기해주는 인증마크가 없습니다. 구매한 제품이 무언가 미심쩍을 때 한국소비자원과 소비자단체들이 함께하는 소비자상담센터 1372번을 이용해보는 것도 좋은 방법입니다. 소비자원과 소비자단체 몇 곳을 정해놓고 주기적으로 홈페이지를 방문하거나 뉴스레터를 받는 것도 좋겠네요.

2. 과학을 사칭한 상술, 검증 못한 언론

키워드: 잘못된 실험설계 언론 과장광고

누군가가 당신에게 유산균 음료를 내밀며 "이걸 마시면 코로나19를 예방할 수 있다"고 말합니다. 그럼 그걸 믿고 마시겠습니까? 저라면 마시지 않겠습니다. 오히려 그렇게 권한 사람을 의심할 것 같습니다. 그런데 언론사 100곳이 "유산균 음료를 마시면 코로나19를 예방할 수 있다"라고 보도한다면 어떨까요? 당장 유산균 음료를 사러 가게로 향할 겁니다. 실제로 그런 일이 일어났습니다. 수많은 언론사가 '유산균 음료를 마시면 코로나19를 예방할 수 있다'고 보도했습니다. 상점에서는 품절 사태가 일어나고 제조사 주가는 들썩였습니다. 대다수의 언론사가 같은 내용을 보도했다면 그 내용이 사실이라고 믿는 게 인지상정입니다. 남양유업 이야기입니다. 저는 이를 '불가리스 참사'라고 이름 짓고 한국 언론 흑역사의 한 페이지에 꼭 올리고 싶습니다.

영악한 식품기업이 어떻게 한국 언론 매체들을 속이는지를 보여준 사례입니다. 우리나라 언론은 이 사례를 통해 무능함과 게으름, 그리고 최소한의 직업윤리도 저버린 무책임함을 적나라하게 드러냈습니다.

들러리 선 기자들

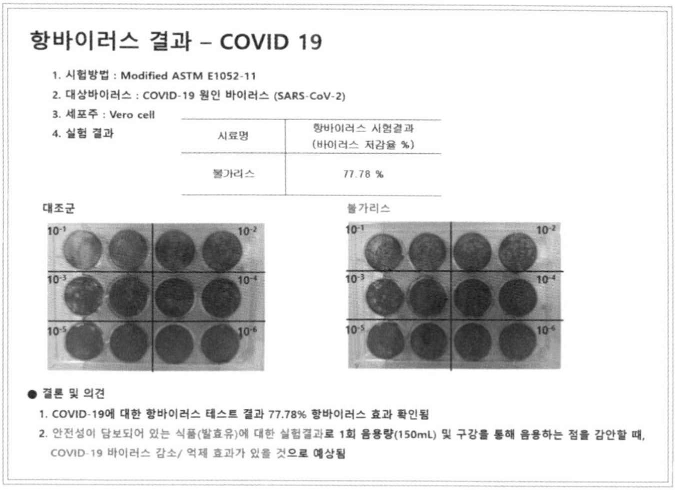

남양유업 심포지엄 발표 자료. (2021.4.13)

남양유업은 2021년 4월 13일 '코로나 시대 항바이러스 식품 개발'이라는 심포지엄을 열었습니다. 이 행사에서 박종수 남양유업 항바이러스면역연구소장은 "불가리스 완제품이 인플루엔자바이러스(H1N1)와 코로나19에 효과가 있음을 국내 최초로 확인했다"라고 주장했습니다. 이날 심포지엄은 항바이러스 연구 동향 및 발효유의 항바이러스 기능성을 주제로 민간기관인 한국의과학연구원이 주관했습니다. 행사 전 남양유업 홍보팀은 자사 출입기자들을 상대로 심포지엄 참석을 요청하는 이메일을 보냈습니다. 따라서 행사 현장에 참석한 기자는 대부분 '유통' 담당 기자였습니다.

이 행사에서 남양유업 측은 불가리스 발효유 제품에 대한 실험 결과 H1N1을 99.999%까지 사멸하는 것을 확인했고, 코로나19 억제 효과 연구에서도 77.8% 저감 효과를 확인했다고 밝혔습니다. 대다수 국내 언론은 이 내용을 대서특필했습니다. 당시 언론사의 보도만 보면 불가리스가 코로나19 팬데믹을 끝낼 수 있을 것 같았습니다.

댓글보다 못한 언론

당시 보도된 기사의 제목들을 살펴보겠습니다. 민영 뉴스통신사 뉴시스는 오후 3시6분 〈"남양유업 '불가리스', 코로나19 억제 효과 77.8%"〉라는 제목으로 첫 보도를 내보냈습니다. 이어 오후 3시 47분에는 〈"불가리스 코로나 억제 효과" …남양유업 전환점 마련(종합)〉이라는 제목으로 보강된 기사를 내보냈습니다. 이 기사에선 남양유업의 주장을 전달하는 것을 넘어 이 연구가 "국내 최초로 소재 중심이 아닌 완제품 형태로 항바이러스 효과를 규명해 의미가 있다"라고 의미를 부여했습니다. 이어 "맛, 영양, 기능적 범주를 넘어

질병 예방과 부분적 치료 중심으로 식품 연구에 전환점을 마련할지 주목된다"라고 적었습니다.

또 다른 민영 뉴스통신사인 뉴스1은 발표 당일 오후 4시 32분 〈"불가리스 마시면 코로나19 바이러스 억제 도움" …과학적 근거 공개〉라는 기사를 내보냈습니다. 역시 남양유업의 발표를 그대로 옮겼을 뿐 별다른 검증은 없습니다. 연합뉴스는 오후 5시 3분 〈불가리스가 코로나에 효과? …남양유업 "77.8% 억제" 주장〉이라는 제목으로 보도했습니다. 역시 단순히 주장을 옮겨 적었을 뿐입니다. 뉴스통신사들과 마찬가지로 다수의 일간지와 인터넷 신문도 받아쓰기 속보 경쟁에 나섰습니다. 언론사들이 앞다퉈 베끼기 경쟁을 하는 동안 오히려 독자들이 댓글로 이 기사를 지적했습니다. 뉴시스의 첫 기사에는 4000개 넘는 댓글이 달렸습니다. "특정 기업 광고네, 근거도 없이 회사가 불러주는 대로 기사를 쓰는 게 기자 맞나"라는 등 뼈를 때리는 댓글을 심심찮게 볼 수 있습니다.

실험 방법이 잘못되었다

여론이 악화되자 뉴시스는 오후 5시 37분에 〈"불가리스 마시면 코로나 예방? 항바이러스 효과 입증 의미"(종합2보)〉라는 기사를 내보냈습니다. 1보와 종합에는 없었던 내용이 종합2보에 포함됐습니다. "이번 실험 결과를 두고 '불가리스가 코로나19 예방에 효과 있다'고 과대광고하는 것 아니냐고 지적하는 소비자도 많다. 백순영

전 가톨릭대학교 미생물학·바이러스학 교수는 불가리스의 코로나19 억제 효과와 실제 예방률 관련성은 성립하지 않는다고 선을 그었다"라는 내용이 추가됐습니다.

국내 언론사의 받아쓰기 행진은 한동안 이어지다가 조간신문이 다음 날 지면에 내보낼 기사를 인터넷에 먼저 서비스하는 시간인 오후 6시를 전후로 제동이 걸렸습니다. 이들은 질병관리청의 입장을 담아 균형을 맞췄습니다. 가장 처음 질병관리청의 입장을 담은 매체는 중앙일보입니다. 중앙일보는 〈"불가리스, 코로나 억제에 효과" vs "인체 검증 안 해 의문"〉이라는 기사 말미에 질병관리청의 입장을 반영했습니다. 특정 식품의 코로나19 예방 또는 치료 효과를 확인하려면 사람을 대상으로 한 연구가 수반돼야 하지만 남양유업의 발표 내용은 바이러스 자체에 제품을 처리해서 얻은 결과라서 실제 효과가 있을지 예상하기가 어렵다는 게 골자입니다. 저는 다음 날 오전 남양유업의 실험을 다각도로 분석해 실험 방법과 조건이 발효유의 코로나19 억제 효과를 입증하는 실험과는 동떨어져 있다는 점을 뉴스톱 기사로 실었습니다.

결국 한국신문윤리위원회는 뉴시스에 '주의' 제재를 내렸습니다. 신문윤리위는 "기사만 보면 일반 소비자들은 '불가리스를 마시면 코로나19 바이러스를 억제할 수 있을 것'으로 오인할 위험이 있다"라고 지적했으며 "보도기사는 출처 및 내용을 정확하게 확인해야 하며, 취재원이 제공한 보도자료도 사실 검증을 거쳐 보도해야 한다.

뉴시스 기사는 이런 점을 등한시했다"라고도 비판했습니다.

남양유업의 불가리스 연구 발표는 도대체 무슨 문제가 있었을까요? 남양유업은 그냥 불가리스를 코로나19 배양접시 위에 붓고 아무런 처리도 하지 않은 대조군과 비교해 바이러스 증식이 얼마나 억제됐는지 살폈습니다. 이런 실험 방법은 살균제의 성능을 평가할 때 사용합니다. 식초, 염산, 또는 알코올로 실험해도 바이러스 증식이 억제되는 효과를 확인할 수 있습니다.

식품이 인체에 미치는 영향을 평가하려면 사람이 직접 그 음식을 먹었을 때 나타나는 변화를 체크해야 합니다. 신약 개발 과정에서 그러듯이 임상시험에 준하는 인체 대상 실험을 거쳐야 한다는 뜻입니다. 그러나 남양유업이 발표 당시 공개한 실험은 세포 수준에서의 실험에 불과할 뿐 아니라 실험 조건도 우리가 발효유를 마시는 조건과는 달랐습니다. 25도로 설정한 실험실에서 배양접시에 발효유를 붓고 2시간 동안 시료와 접촉시켰습니다. 체온보다 10도 낮은 온도에서 진행됐고 접촉 시간도 2시간으로 깁니다. 누가 유산균 음료를 2시간이나 입에 물고 있을까요? 코로나19는 주로 호흡기에서 증식하지만 불가리스는 입과 식도를 거쳐 소화기로 내려갑니다. 불가리스에 살균 효과가 있다 하더라도 호흡기에는 영향을 미칠 수 없습니다. 그러므로 남양유업의 실험은 엉터리입니다.

실체적 진실이 무엇인가

언론사 기자 가운데 과학을 전공한 사람은 드뭅니다. 유통 담당 기자 중에 과학을 전공한 사람은 더 찾아보기 어려울 겁니다. 언론사 인력 구조상 해당 분야의 전공자가 그 분야를 담당하는 경우는 거의 없습니다. 그럼에도 불구하고 수많은 기자가 다양한 분야의 기사를 씁니다. 비전공자가 전공하지 않은 분야의 소식을 다룰 수 있는 이유는 취재와 확인 과정을 거치기 때문입니다. 건강한 언론사라면 소속 기자가 가져오는 기사가 충실히 취재한 결과물인지, 내용은 철저히 확인했는지를 따집니다. 물론 우리나라 언론계가 독자들의 기대 수준을 충족시키지 못한 지는 꽤 오래됐습니다.

한 기업의 홍보 담당 임원을 만났습니다. 그는 갈수록 우리나라 저널리즘의 품질이 떨어지고 있다고 개탄했습니다. 그는 '기자들이 확인하지 않는다'는 점과 '실체적 진실에는 관심을 기울이지 않는다'는 점에 분개했습니다. 하나의 주제를 놓고 대립되는 여러 의견이 있을 때, 자신이 채택하고 싶은 한 가지 주장만 사실로 받아들이고 그 주장을 반박하는 근거 따위에는 전혀 관심을 기울이지 않는다는 게 그 임원의 아쉬움이었습니다. 모든 언론사의 모든 기자에게 해당되는 말은 아닐 것으로 믿고 싶습니다. 어딘가에서 실체적 진실을 규명하고자 열심히 뛰는 기자들이 있을 겁니다. 저도 항상 노력하는 부분입니다. 그러나 불가리스 참사에서 보듯 우리나라 미디어는 정상 궤도에서 한참 벗어나 있습니다.

네이버, 다음 등 포털사이트를 중심으로 뉴스가 소비되고, 뉴스 통신사도 과거의 도매상 역할에서 벗어나 인터넷을 통해 독자들에게 직접 기사를 제공하는 '소매 싸움'에 뛰어들다 보니 시간과 공을 들여 내용을 확인하는 노력이 줄어듭니다. 자극적인 제목을 앞세워 눈길을 끌고 다른 매체보다 기사를 빨리 전송해 조회 수를 높이는 것만이 지상 과제가 됐습니다. 남양유업은 언론과 소비자를 기만해 반사이익을 취하려는 의도로 취재 기자들을 '오용'했습니다. 기자들이 취재원의 주장을 검증해볼 의지가 전혀 없다면 이용당할 수밖에 없는 구조인 거죠.

오용당하는 기자 또는 상업적 목적으로 근거 없는 주장을 기사화하는 언론사 탓에 독자들은 허위 정보에 노출되고 있습니다.

이제 우리는 남양유업이 얼마나 비과학적인 일을 저질렀는지 알게 됐습니다. 다수의 언론 매체가 근거 없는 주장을 받아쓰기식으로 기사로 만들어내는 실태를 체험한 것도 큰 수확입니다. 당신의 선택은 무엇인가요? 스스로 검증하든가, 남에게 검증을 부탁하든가, 두 가지일 것입니다. 귀찮다고 미뤄놓으면 알고서도 당하는 수밖에 없습니다.

3. 음이온 좋은 것 아시죠? 모르는 게 낫다!

키워드: 무지에 대한 공포

"음이온 좋은 것 아시죠?"

이런 광고 문구, 한 번쯤 본적이 있을 겁니다. 음이온과 관련된 수많은 제품이 팔렸습니다. 인터넷 쇼핑몰을 검색해보면 아직도 많은 제품이 팔리고 있습니다. 헤어드라이어에서부터 속옷, 마스크, 공기청정기 등 다양한 분야에서 음이온 제품을 발견할 수 있습니다. '좋으니까 많이 쓰는 것이겠지' 하고 넘어갈 수도 있겠지만, 사실 이건 사기에 가깝습니다.

몸에 좋다면 양잿물도 마신다

'라돈 침대' 사건을 기억하십니까? 2018년 SBS의 보도로 촉발된 이 사건은 '라돈'에 대한 인식을 확산하는 데 일조했습니다. 라돈은 세계보건기구 산하 국제암연구소가 1군 발암물질로 지정한 방사성

원소입니다. 라돈은 알파선을 방출하며 붕괴합니다. 이때 나타나는 붕괴 생성물이 공기 중에 떠다니는 작은 먼지에 달라붙어 사람의 폐 속으로 들어갑니다. 이 라돈 붕괴 생성물은 폐와 연결된 혈관이나 폐의 상피세포에 달라붙어 체외로 잘 배출되지 않습니다. 폐에 달라붙은 방사성 붕괴 산물은 다시 알파선 방출 후 붕괴하여 또 다른 원소로 바뀝니다. 이때 방출되는 알파선이 폐 세포의 DNA를 망가뜨리고, 폐암을 일으키는 주원인입니다. 국제암연구소는 2009년, 라돈이 세계 폐암 발병 원인 중 최대 14%를 차지한다는 연구 결과를 발표했습니다.

왜 침대 회사는 이런 발암물질을 침대에 넣은 것일까요? 미치지 않고서야 이런 일을 저지를 수 있을까요? 결론부터 말하면 침대 회사는 미치지 않았습니다. 다만 무지했거나 무지함을 가장해 돈을 벌려고 했을 뿐. 이런 일이 일어난 근본적인 원인은 검증되지 않은, '건강에 좋다'는 미신을 무비판적으로 수용하는 사회 풍조에서 찾을 수 있습니다. '몸에 좋다면 양잿물도 마신다'고 했던가요?

해명도 비과학적

'대진침대'는 음이온이 몸에 좋다는 속설에 기대 음이온이 나오는 침대를 만들어 팔았습니다. 모나자이트라는 광물을 가루로 만든 '음이온 분말'을 매트리스 커버와 스펀지에 뿌려 제품을 만든 겁니다. 모나자이트에는 방사성원소인 토륨이 포함돼 있습니다. 이 토륨에서 방출되는 방사선이 공기 분자를 이온화해서 음이온이 검출됩니다. 음이온을 내뿜는 신비의 광물이라고 홍보하는 대부분의 광물은 우라늄이나 토륨 등 방사성원소를 함유하고 있습니다. 문제는 이 방사성원소가 붕괴되면서 라돈을 방출한다는 겁니다.

대진침대는 매트리스 속커버 안쪽에 '음이온 분말'을 도포한 것으로 조사됐습니다. 대진침대는 당시 건강에 도움이 된다는 칠보석을 쓰려고 했는데 "언론의 취재 과정에 협조하고 있던 중 매트리스 소재로 쓰인 것이 칠보석이 아니라 희토류이며 여기에서 라돈이 방출된다는 사실을 알게 됐다"고 해명했습니다. 칠보석은 경북 영양 등지에서 산출되는 광물입니다. 이 광물로 제품을 만드는 업체는 "7가지 영롱한 빛을 내며 36가지의 강력한 생명의 기(氣)를 방사하는 신비의 돌"이라고 설명합니다. 그러나 칠보석은 학술적으로 정의된 용어가 아니고 생명의 기 어쩌구도 객관적으로 입증할 자료가 없습니다.

우왕좌왕 뒤처리

원자력안전위원회는 안전기준을 초과한 27종의 제품에 리콜 명령을 내렸습니다. 이후 전개는 다들 아시는 바와 같습니다. 방사능을 걱정한 물류 업체들이 꺼리는 바람에 '라돈 침대'를 수거할 방법을 찾지 못한 정부는 우체국 인력을 동원해 매트리스를 수거했습니다. 11만 개가 넘는 라돈 매트리스는 충남 천안 대진침대 본사 및 창고, 당진항 야적장 등에 쌓였습니다. 소각할 것인지 매립할 것인지, 그도 아니면 경주 중저준위방사성폐기물 처분장으로 보내야 하는지 논란이 분분했지만 결국 폐기물관리법 시행령을 개정해 타는 것은 일반 쓰레기와 함께 소각하고, 타지 않는 것은 밀폐 포장해 매립하기로 했습니다.

하지만 검찰은 2020년 1월 대진침대 대표, 매트리스 납품사 대표와 부장, 원자력안전위원회 위원장을 불기소 처분했습니다. 당시 검찰은 라돈 침대 사용만으로 폐암이 유발됐다고 인정하기는 어렵고, 유해성을 인식했다고 보기 어려우며, 직무의 의도적 방임이나 포기로 보기도 어렵다는 이유로 피의자들의 혐의를 인정하지 않았습니다.

6개월 뒤인 2020년 7월 환경보건시민센터와 백도명 서울대학교 교수팀이 발표한 〈라돈 침대 피해 신고자의 암 유병 현황 분석〉에 따르면, 소송 진행 중인 라돈 침대 피해자 5000명 중 180명이 암 환자인 것으로 나타났습니다. 암 유병률(특정 시점 인구 대비 환자 수 비율)은 3.6%로 일반 인구 집단(1.6%)의 2배가 넘었습니다. 폐암 유병률은 일반인보다 남성의 경우 5.9배, 여성의 경우 3.5배 더 높은 것으로 나타났습니다.

환경보건시민센터는 검찰의 무혐의 결론에 대해 "실제 건강 피해를 규명할 수 있는 길을 막는 결과를 초래했다"라고 지적했습니다. 침대 소비자와 일반 국민들을 한동안 공포에 떨게 했던 '라돈 침대'

사태의 전개입니다. 피해자는 제대로 된 보상을 받지 못했고, 남아 있는 소송도 있습니다. 우리가 이 '라돈 침대 사건'에서 얻어야 할 교훈은 무엇일까요?

무조건 믿지는 마라

라돈 사태를 일으킨 근본 원인은 음이온에 대한 맹신입니다. 음이온이란 원자에 양성자보다 전자 수가 많아져 음(−)전하를 띠는 상태를 말합니다. 원래 음이온 마케팅은 1990년대 일본에서 시작됐습니다. 헤어드라이어, 공기청정기, 에어컨 등 가전제품에서 발생된 음이온이 기분을 안정시키거나 고조시키는 효과를 낸다는 주장이었습니다. 게르마늄 등의 광물로 만든 목걸이 또는 팔찌가 음이온을 방출한다는 선전과 함께 인기를 끌었습니다.

이게 우리나라로 넘어오면서 모나자이트 등의 광물을 가루로 만들어 침구, 의류, 심지어는 마스크 표면에 덧바르는 형태로 가공되기 시작했습니다. 이는 광물에 함유된 우라늄과 토륨 등 방사성 원소에서 뿜어져 나오는 방사선이 공기 분자를 이온화하는 것에 불과한데도 말이죠. 공기 중 이온은 극히 불안정한 상태라 지속 기간이 길지 않습니다. 그리고 공기 분자에 비교하면 생성된다고 주장하는 음이온의 개수도 지극히 적습니다. 바닷물에 잉크 한 방울 떨어뜨리는 정도로 비유할 수 있습니다.

업체들은 이 음이온이 만병통치약이라도 되는 양 선전하지만 실제로 음이온이 건강에 미치는 효과은 입증되지 않았습니다. 오히려 모나자이트 등 광물을 이용한 음이온 제품은 건강에 해를 끼칠 수 있다는 경고가 있습니다. 2014년 미국 원자력규제위원회는 당시 미국에서 팔리던 팔찌 등 음이온 제품들이 화산재, 티타늄, 게르마늄, 모나자이트 가루 등을 포함하고 있어 방사능을 방출할 수 있다며 "만약 이런 제품을 갖고 있다면 쓰레기통에 버리십시오"라고 권고하기도 했습니다. 미국 당국은 쓰레기통에 버리라고 하는 제품을 우리나라에선 만병통치약처럼 팔아왔던 겁니다.

근거가 없다면 하지 마라

'라돈 침대' 사건 이후 생활주변방사선 안전관리법이 개정됐습니다. 이온화(전리) 효과를 내기 위해 방사능 농도(선량)가 일정 수준을 넘는 물질을 사용하면 안 된다는 내용이 신설됐습니다. 신체에 착용하거나 장시간 신체에 밀착해 사용하는 제품에도 우라늄238, 우라늄235, 토륨232와 그 붕괴 계열 핵종(고유의 원자 번호와 질량수가 있는 원자핵 또는 원자)은 사용할 수 없도록 했습니다.

쉬운 말로 바꾸면 모나자이트 등 방사성원소가 포함된 원료를 이용해 침구나 속옷, 장신구 등 몸에 가까이 닿는 제품을 만들 수 없고, 이런 원료를 이용해 '음이온이 방출되는' 물건을 만들 수 없게 된 겁니다. 즉, '기적의 광물'은 방사능을 내뿜기 때문에 건강에 해를 끼칠 가능성이 크다는 뜻이죠. 더 쉽게 말하자면 '음이온 건강 효과'라는 것은 과학적으로 입증되지 않았으며, '음이온 제품'을 가지고 있다면 버리는 편이 건강에 더 좋다는 이야기입니다.

온갖 제품이 '건강에 좋다'는 풍문을 앞세웁니다. 표시광고법, 식품표시광고법 등에는 제조·판매자가 광고한 제품의 효능을 스스로 입증할 책임이 있다고 규정돼 있습니다. "○○○이 건강에 좋은 거 다들 아시죠?" 이런 감언이설에 속아 넘어가면 안 됩니다. "건강에 좋다는 근거를 제시하세요"라고 받아치셔야 합니다. 건강에 정말 효과가 있다면 업체가 연구 논문 등을 통해 입증해야 합니다.

'안 하는 것보다는 낫겠지, 남들도 다 하니까 좋은 거겠지'라는 식의 안일한 태도가 가장 안 좋습니다. 라돈 침대 이후 법이 바뀌었지만 '음이온 제품'은 근절되지 않았습니다. 인터넷 쇼핑몰에 '음이온'을 검색하면 아직도 각종 제품이 판매되는 것을 볼 수 있습니다. 게르마늄을 이용한 음이온 매트, 뭐가 들어 있는지 알기조차 어려운 중국산 음이온 침대 등 다양한 제품이 팔리고 있습니다. 이 판매자들은 자기들이 판매하는 제품이 어떻게 만들어졌는지 관심이나 있을까요? 피해가 발생하면 배상해줄 능력이 있기는 한 걸까요? 결국 피해는 고스란히 소비자의 몫으로 돌아올 가능성이 큽니다.

'안 하는 것보다는 낫겠지'가 아니라 '안 하느니만 못하다'는 생각을 가지고 근거에 촉을 세워야 합니다.

4. 안전 인증은 효과를 담보하지 않는다

키워드: 권위를 등에 업은 호소

"이거 차고 있으면 모기가 안 온대."

아이가 일곱 살이던 어느 날 북극곰 그림이 그려진, 향기 나는 팔찌를 차고 왔습니다. 어린이집 친구가 줬다고 했습니다. 딸은 예쁜 모양의 핑크색 팔찌를 마음에 들어 했습니다. 그리고 딸 아이는 종아리를 벅벅 긁었습니다. 모기 물린 자국이 선명했습니다. "이것 차고 놀이터에서 놀았어?"라고 물으니 아이는 고개를 끄덕였습니다.

모기팔찌는 분명 모기를 쫓을 것이라는 제조사의 광고를 보고 구매하는 제품입니다. 온라인과 오프라인에서 버젓이 팔리고 있고 무슨 인증마크도 달아놨으니 나라에서 효과가 있다고 확인해준 것이 틀림없겠죠. 그런데 왜 모기팔찌를 착용한 아이가 모기에 물릴까요? 팩트체크 본능이 꿈틀거립니다.

모기팔찌 등의 이름으로 쿠팡에서 시판되는 방향제 제품.
팔찌 또는 스티커 형태로 식약처의 인증을 받은 모기 기피제는 없다.

잘못된 품목, 맞지 않는 기준

먼저 제품 포장의 표시 사항을 꼼꼼히 살펴봤습니다. 모기를 쫓는 용도의 제품이라면 생물을 죽이는 살생물제의 한 종류인 기피제로 분류돼 화학제품안전법의 적용을 받게 됩니다. 그런데 이 제품은 공산품(방향제)이라고 적혀 있습니다. 다만 KC마크가 붙어 있는 것이 확인돼 약간은 마음이 놓입니다. KC마크는 국가통합인증마크입니다. 8개 부처의 23개 법정의무인증제도가 통합된 것이죠. 그러나 자세히 뜯어보면 이 제품이 모기를 잘 쫓아내는지와는 전혀 상관이 없습니다. "KC마크는 이 제품이 공통안전기준에 적합하였음을 의미합니다"라고 적혀 있습니다.

공통안전기준은 뭘까요? 납, 카드뮴, 수은 등 유해 원소와 프탈레이트계 가소제 등 유해 화학물질을 기준치 이하로 사용했는지 살펴보는 겁니다. 제품이 안전한지만 확인하는 거죠. 모기팔찌가 모기를 잘 쫓는지 아닌지에는 관심이 없습니다. 그렇기 때문에 모기를 쫓지 못해도 KC마크가 붙을 수 있습니다.

식약처는 이미 2017년에 이런 제품들을 퇴출하겠다고 선언했습니다. 식약처는 2017년 6월 30일 〈식약처, 의약외품 모기·진드기 등 기피제 재평가 결과〉를 발표했습니다. 당시 논란이 일었던 정향유와 시트로넬라유 함유 제품에 '기피제'로서의 신규 품목 허가를 제한했다는 내용이 골자입니다. 정향유는 인체 유해성이 문제가 됐고, 시트로넬라유는 모기를 쫓는 성능이 불충분하다는 이유를 들었습니다. 이후 현재까지 식약처는 팔찌 또는 스티커 형태의 기피제를 허가한 적이 없습니다. 시중에서 팔리고 있는 모기팔찌는 모기 기피제가 아닌 거죠. 향기를 맡을 용도로 제조되는 '방향제'인 겁니다.

초음파 모기 퇴치기는 어떨까

내친 김에 하나 더 검증해보겠습니다. 깜찍한 사이즈로 손목시계 모양 또는 목걸이 모양으로 만들어 판매하는 초음파 모기 퇴치기입니다. 이런 제품은 대부분 모기가 싫어하는 특정 주파수의 소리 또는 초음파를 재현해 모기를 쫓는다고 홍보합니다. 모기가 싫어하는 소리로는 수컷 모기와 잠자리의 날갯짓, 박쥐의 초음파가 단골로 등장합니다.

모기는 알을 낳기 위해 동물의 피를 빱니다. 그중 이미 교미에 성공한 암컷 모기가 피를 빠는데, 이때 구애하려고 달려드는 수컷 모기는 암컷에게는 성가신 존재입니다. 이 때문에 수컷 모기가 달려드는 날갯짓 소리를 암컷 모기들이 선호하지 않는다고 합니다. 잠자리는 모기를 잡아먹는 최대 천적이기 때문에 잠자리 날갯소리를 들으면 모기가 도망간다고 하고요. 박쥐도 초음파를 활용해 모기를 사냥합니다. 그렇다면 이런 소리 또는 초음파를 내면 모기가 달아나는 게 당연한 듯합니다.

국내 모기 연구의 권위자에게 물었습니다. 고신대학교 이동규 석좌교수는 "모기는 초음파를 감지할 수 있는 기관이 없기 때문에 초음파 모기 퇴치기는 성립할 수 없다"라고 잘라 말합니다. 그럼 박쥐의 초음파를 응용했다는 모기 퇴치기는 일단 탈락입니다. 수컷 모기 또는 잠자리 날갯짓 소리는 어떨까요? 이 교수는 암컷 모기는 동종 수컷의 비행음에서 발생하는 음파의 주파수를 식별할 수 있다고 말해주었습니다. 모기가 다른 모기의 날갯짓을 식별할 수 있다는 뜻입니다. 그렇다면 수컷 모기 날갯소리를 모방하면 암컷 모기를 쫓아낼 수 있지 않을까 하는 생각을 해봅니다.

하지만 결과는 부정적입니다. 우리나라에는 56종(주로 만날 수 있는 모기종은 10여 종)의 모기가 있는데 종에 따라 비행음의 주파수대가 모두 다릅니다. 이뿐 아니라 장소와 시기에 따라 출현하는 주요 모기의 종류가 모두 다르고, 같은 종이라 해도 모기의 생존 기간에 따라 비행음의 주파수가 달라지므로 모든 종류의 모기가 기피하는 특정한 음파를 발생시킨다는 건 확률적으로 매우 어렵습니다. 소리를 이용한 모기 퇴치기에는 "내성을 방지하기 위해 주파수 대역을 바꾼다"라는 선전 문구가 있지만 이런 소리로 특정 모기 종의 출현을 예측해 퇴치하기를 기대하기 어렵습니다. 왜냐하면 설령 암컷 모기와 같은 종류의 수컷 모기 날갯짓 소리와 들어맞는 주파수가 발생된다고 해도 지속 시간은 고작 0.2초이기 때문입니다. 제조사는 내성을 방지하고 다양한 소리를 내고자 0.2초를 주기로 소리를 바꾼다고 주장했습니다.

잠자리 소리도 마찬가지입니다. 이 교수는 모기가 흡혈 대상 동물을 감지하면 비록 싫어하는 음파가 있을지라도 필사적으로 흡혈을 시도하는 속성이 있다고 합니다. 싫은 소리 정도로 흡혈 본능을 억제하긴 어렵다는 설명이죠.

FEDERAL TRADE COMMISSION
PROTECTING AMERICA'S CONSUMERS

Enforcement · Policy · Advice and Guidance · News and Events · About the FTC

Home / News and Events / News / Press Releases

FTC Alleges Electronic Mosquito Repellent Claims Are False; Sellers Also Lack Evidence For Ultrasonic Pest-Control and Air Cleaning Product Claims

August 28, 2002

An Orlando, Florida company has been charged by the Federal Trade Commission with making false and unsubstantiated claims in advertisements for its electronic mosquito and pest repellers and its air cleaning products. According to the FTC, Lentek International, Inc., and its principals, Joseph Durek and Lou Lentine, have advertised that their MosquitoContro devices repel mosquitoes from the user and provide an effective alternative to using chemical pesticides in the prevention of the West Nile Virus; that their pest-control products drive away mice, rats, bats, cockroaches, and other household pests by means of ultrasound and electromagnetic technology; and that their air cleaning products remove various pollutants from indoor air through ozone and ionization. The FTC alleges in an

Related Cases

Lentek International, Inc., Joseph Durek, and Lou Lentine

미국 연방거래위원회는 2002년 초음파 모기 퇴치제 제품에 대해 거짓이라고 판정했습니다.

미국 연방거래위원회(FTC)는 2002년 초음파(또는 가청음파)를 사용한 모기 퇴치제 제품에 대해 "전자 모기 퇴치제는 거짓"이라며 초음파를 이용해 해충을 쫓는 효과를 입증할 증거가 부족하다고 결론지었습니다. 미국에서는 이미 20년 전에 결론이 난 일인데, 대한민국에서는 아직도 초음파 모기 퇴치기가 판매되고 있습니다. 더구나 초음파(또는 가청음파)를 이용한 모기 퇴치기 상당수도 KC마크를 획득했다고 광고합니다. KC마크를 받은 것은 사실일 겁니다. 그러나 앞서 살펴본 바와 같이 KC마크는 안전에 관한 내용만 검증합니다. 초음파 해충 퇴치기는 여기에 더해 '방송통신기자재등의 적합성평가'를 거치는데요, 이 평가는 "방송통신망을 보호하고 다른 기자재의 성능에 장해를 주지 아니하도록 할 것"이 관심사입니다. 역시 모기를 잘 쫓는지 못 쫓는지는 전혀 고려 대상이 아닙니다.

사업자가 입증해야 하는 영역

화학물질을 이용해 모기를 잡는 살충제는 화학제품안전법에 따라 제조사가 유효성과 안전성을 입증해야 하지만 모기 퇴치기는 공산품으로 분류돼 유효성을 검증하는 기관이 없습니다. 다만 표시광고법에 따라 사업자가 제품의 효과에 대한 실증 책임을 지고 있기는 합니다. 표시광고법 5조는 "사업자 등은 자기가 한 표시·광고 중 사실과 관련한 사항에 대하여는 실증할 수 있어야 한다"라고 규정합니다. 그렇지만 공정거래위원회가 사업자에게 자료 제출을 요청해야 절차가 진행됩니다. 많은 소비자가 문제를 제기하거나 사회문제가 돼야 가능한 사안입니다. 집단소송이 실질적인 해법이 될 수 있는데 굉장히 귀찮고 해결까지 시간이 오래 걸립니다. 또한 이 부류 제품의 가격은 일반적으로 3만 원 이내입니다. 그래서 소비자가 기대하는 효과를 거두지 못했더라도 적극적으로 문제를 제기할 가능성이 크지 않습니다. 되풀이되는 소비자 피해를 막으려면 공정위가 적극적이고 선제적인 대응을 해야 할 것입니다.

반복되는 말이지만 시중에 판매된다고 해서 효과와 안전성이 확인됐다고 믿으면 곤란합니다. 정부는 모든 것을 다 통제하지 못합니다. 우리는 숱한 사례를 목격해왔습니다. KC마크를 달고 다이소에서 판매된 '국민 아기 욕조'에서 기준치를 600배 이상 초과하는 프탈레이트계 가소제가 검출된 사례도 있습니다. 대기업 제품이면 믿을 만하지 않겠냐고 하는 소비자들도 있을 겁니다. 그러나 굴지의 화학 회사들이 제조·판매한 가습기 살균제 때문에 1098명(2022년 12월 기준)이 목숨을 잃었습니다.

홍보 문구는 무조건 조심

제품을 구입할 때 제조·판매사의 그럴듯한 홍보 문구를 덜컥 믿지 마십시오. 온갖 블로그와 SNS에 난무하는, 협찬받고 쓴 후기도 덜컥 믿지 마십시오. 제품이 작동되는 원리는 무엇인지, 그 원리를 적용하면 우리가 기대하는 만큼 실제 효과를 얻을 수 있는지 확인해보시기 바랍니다. 이 작업이 너무 어렵다면 뉴스톱 등 팩트체크 기관에 제보하거나 소비자보호원 또는 소비자단체에 문의하면 도움을 받을 수 있습니다.

참고로 일부 제품은 푸른 불빛이 나는 LED 등으로 모기를 유인한다고 광고합니다. 푸른 불빛은 모기를 유인할 수 있을까요?

이 교수는 암컷 모기가 가장 선호하는 파장은 365nm 부근의 근자외선(black light)인데 현재 시판되는 모기트랩은 이 파장대를 사용하고 있다고 합니다. 푸른빛으로 모기를 유인해 포획하는 트랩 방식은 모기 퇴치에 어느 정도 효과가 있다는 설명입니다.

5. 시험 결과라고 다 진실은 아니다

키워드: 허위 과장광고

코로나19 유행이 길어지면서 관련 업계의 마케팅도 바뀌었습니다. 온갖 과학적인 문구를 동원하면서 제품 하나만 구매하면 코로나19 펜데믹이 싹 해결될 것처럼 광고하지만 실상과는 현격히 다릅니다. 특히 항균 99.9% 등 미생물을 없애준다는 광고가 눈에 띄는데요. 항균 99.9%는 어떤 의미일까요? 이 항균 제품이 코로나19로부터 우리를 지켜줄 수 있을까요?

LG전자의 LG퓨리케어360° 공기청정기 홈페이지 광고

실생활과 전혀 다른 시험 조건

LG전자는 LG퓨리케어360° 공기청정기를 판매하고 있습니다. LG전자는 홈페이지에서 이 제품을 "트루 토탈케어 필터 시스템을 사용", "항바이러스/항균 기능으로 더 안전하게", "바이러스 99.9% 제거", "유해균 99.9% 제거"라는 문구로 홍보합니다.

대기업이 판매하는 제품이고, 바이러스 99.9% 제거라고 광고하니까 이 제품을 사용하면 실내 공간에서 코로나19 감염 위험을 낮출 수 있을 거라고 생각하기 쉽습니다. 여러분은 이 광고 문구가 제품을 사용하면 실내 바이러스가 99.9% 제거된다는 뜻으로 읽히지 않나요?

제시된 시험 조건을 찬찬히 읽어봅시다. 우리가 살고 있는 실생활 조건과 굉장히 거리가 먼 것을 알 수 있습니다. '항바이러스 99.9%' 시험 조건은 항균필터와 PET부직포에 쥐 코로나바이러스(mouse hepatitis virus)를 놓고 18시간이 지난 뒤 바이러스가 얼마나 감소했는지 파악하는 것입니다. 즉, 이 시험은 항균필터에 바이러스가 달라붙은 뒤 18시간이 지났을 때 바이러스가 얼마나 증식했는지 알아보는 시험일 뿐입니다. 실생활 조건에서 공기청정기를 가동하면 공기 중에 떠다니는 바이러스가 얼마나 제거되는지를 파악한 게 아닙니다. 그럼에도 홍보 문구는 '바이러스 99.9% 제거'입니다.

실생활 조건에서 얼마나 효과가 있는지 알려면 필터를 통과하기 전후의 공기에 바이러스가 얼마나 들어 있는지를 측정해야 합니다.

100㎡에서 사용하도록 권장되는 제품이라면 100㎡ 규모의 시험 시설 안에서 공기청정기를 가동하고 가동 전후의 미생물 수치 변화를 파악해야 하는 거죠.

한 회사만의 문제가 아니다

삼성전자는 비스포크큐브™에어 공기청정기를 판매합니다. 삼성전자는 전기 살균 시스템을 사용해 세균을 99% 살균한다고 이 제품을 광고합니다. 살균 플러스 집진필터는 구리 항균 섬유로 제작돼 바이러스 및 세균 증식을 방지한다고도 설명합니다. LG전자와 마찬가지로 필터의 항균·항바이러스 성능을 설명한 겁니다. 시험 역시 필터에 바이러스와 세균이 달라붙어 증식하지 않는다는 것을 보여줄 뿐이죠.

전기 살균 시스템은 정전 커버가 세균에 전기 극성을 부여하고, 살균 커버가 필터에 전기장을 발생시켜 집진필터에 포집된 세균 99% 살균한다고 설명합니다. 시험 방법은 집진필터에 균을 주입한 후 강풍으로 3시간 동안 작동한 다음 작동하지 않은 경우와 비교했습니다. 시험으로 알 수 있는 것은 집진필터에 주입한 균이 남아 있는 정도입니다. 실생활 조건과는 다릅니다.

'바이러스·세균 걱정 줄여주는 UV 플러스 안심 살균' 기능에 대한 설명도 있습니다. 정화된 깨끗한 공기가 지나가는 바람길까지 한 번 더 살균한다고 강조합니다. 그렇지만 자외선(UV-C)램프를 제품 가장자리에 설치했을 뿐입니다. 이 램프로 살균 효과를 낼 수 있는 부분은 팬 가장자리로 매우 제한적입니다.

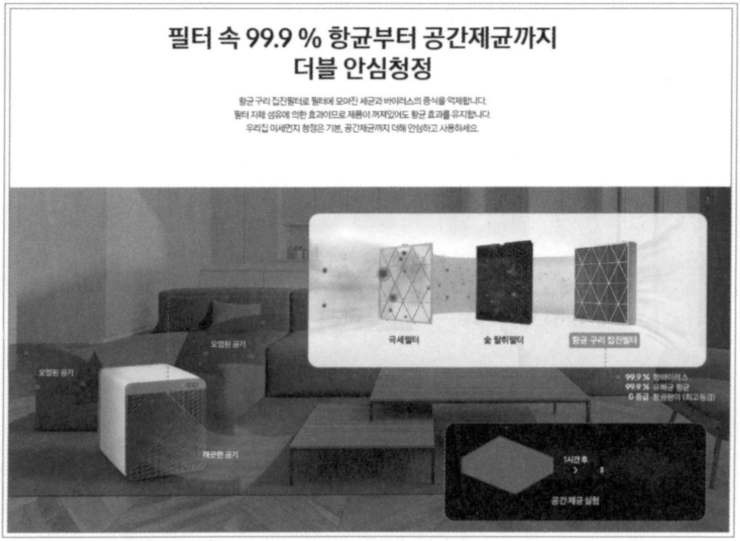

삼성전자의 비스포크큐브™에어 공기청정기 홈페이지 광고

삼성전자에 직접 물어봤습니다. 왜 실내 공기 살균과는 상관없는 제품 가장자리에 자외선램프를 쏘는지 이유가 궁금해서였습니다. 삼성전자 측은 "바람이 일어나는 부분은 세균이 달라붙지 않고 날아가버리기 때문에 세균이 달라붙을 수 있는 가장자리 부분에 UV 램프를 조사하는 것"이라고 설명했습니다. 결국 UV램프는 실내 공기 중에 떠도는 미생물을 살균하는 용도가 아닌 셈이죠.

복잡하고 그럴듯해 보이는 시험 영상

삼성전자는 홈페이지에 흥미로운 동영상을 하나 게시해놨습니다. '공간 제균 시험 영상'이라며 직육면체 공간의 색상이 빨간색에서 점점 파란색으로 바뀌는 모습을 보여줍니다. 공기청정기를 사용했을 때 사용 공간에서 미생물이 사라지는 모습임을 추론할 수 있습니다. 그런데 홈페이지를 보면 60㎥ 공간에 시험균을 부유시킨 후 1시간 기다리고 나서 제품을 1시간 가동한 뒤 가동 전과 비교해 얻은 수치라고 시험 조건을 설명합니다.

60㎥는 어느 정도 크기일까요? 시험 공간의 높이는 2.4m로 설정된 것을 확인했습니다. 따라서 바닥 면적은 25㎡가 됩니다. 폭과 너비가 5m이고 높이는 2.4m인 공간을 상상하면 됩니다. 30평 아파트 거실 정도가 거의 비슷합니다.

이 정도 공간에 삼성전자 비스포크큐브™에어 공기청정기를 1시간 틀어놔야 방 안에 떠다니는 표피포도구균을 99.9% 제거할 수 있다는 겁니다. 공기 중에 떠다니는 바이러스를 제거하는 능력은 세균과는 다른 시험 방법을 사용해 평가하는데, 이런 시험에 대한 내용은 공개되지 않았습니다. 종합해보면 삼성전자 공기청정기 제품의 시험 방법도 LG전자와 마찬가지로 실생활 조건과는 거리가 있습니다.

내용 없이 수치만 강조하는 오랜 전통

공기청정기 업계의 부당 광고는 하루 이틀 일이 아닙니다. 공정거래위원회는 2018년 이후 매년 공기청정기 업체의 부당 표시·광고 행위를 단속했습니다. 2018년엔 삼성전자, LG전자 등 공기청정기 제조 업체 7곳이 부당 표시·광고 행위로 적발됐습니다. 당시 공정위는 사업자들이 광고에서 조건이나 극히 제한적인 시험 조건임을 은폐하고, '99.9%' 등의 수치만 강조했다고 지적했습니다.

공정위는 소비자가 제품 성능을 정확히 인식할 수 있도록 시험 조건이나 시험 결과의 제한적인 의미 등의 명확한 내용을 상세히 기재하지 않은 이상 광고의 기만성이 인정된다고 위법성 판단 기준을 밝혔습니다. 공정위는 시정명령과 함께 4억8800만 원의 과징금을 부과했습니다. 삼성전자는 공정위의 시정명령이 부당하다며 소송을 냈지만 2021년 3월 대법원은 공정위의 손을 들어줬습니다.

2018년 단속 이후 공기청정기 업계의 광고 관행은 얼마나 달라졌을까요? 업체들은 홈페이지에 성능 시험 정보를 제공하고 있기는 합니다. 하지만 99.9%라는 효능만 강조하고 있을 뿐 실사용 환경에 따라 달라질 수 있다는 점은 깨알만 하게 써놓아서 꼼꼼히 찾아보지 않는 한 발견하기 어렵습니다.

효과가 좋아 보일수록 위험한 것들

일부 업체는 아예 '공기 살균기'를 판매합니다. 필터로 공기를 정화하는 기존 공기청정기 방식에 액체 소독제를 뿌리는 기계를 조합해 만든 제품입니다. '인체 무해' 등 문구를 내세워 사무실, 가정, 교실 등 사실상 아무데나 설치해도 좋다고 선전합니다. 그런데 이건 정말 위험합니다. 소독제는 기본적으로 생물을 죽이는 살생물제입니다. 사람에게 좋을 수가 없죠. 제조 업체는 에탄올과 정제수, 천연향을 이용해 만들었으므로 인체에 해를 끼치지 않는다고 주장합니다. 에탄올은 잘 알려진 대로 술에 들어 있는 알코올 성분입니다. 곡물 등을 발효시켜 얻을 수 있는 천연 유래 성분이기도 하죠. 그럼 에탄올은 모든 경우에 안전할까요?

공기 살균기는 에탄올을 70% 이상 함유한 소독제를 공기 중에 뿌리는 방식입니다. 공기 중으로 흩어진 에탄올은 호흡기를 통해 우리 몸에 들어옵니다. 업체는 수많은 인증서와 시험성적서를 제시하면서 안전하다고 광고합니다. 그러나 흡입독성 평가에 대한 내용은 찾아보기 어렵습니다. 에탄올은 고농도로 흡입하면 중추신경계에 영향을 줘 두통, 현기증, 무의식과 혼수상태를 초래합니다. 경증으로는 기침, 두통, 피로, 졸음이 나타난다고 합니다.

환경부는 실내에서 소독제를 분무·분사하는 것은 오염 물질을 제거하는 데 효과적이지 않다고 밝힙니다. 특히 소독제를 분무·분사하면 눈, 호흡기, 또는 피부에 자극을 줘 위험할 수 있으며 결과적으로 건강에 부정적인 영향을 끼칠 수 있다고 경고합니다. 인체와 환경에 무해한 소독제는 없습니다. 모든 살균·소독제 성분은 세균과 바이러스 등을 죽이거나 비활성화를 목적으로 하며 생명체에 독성이 있습니다.

교회나 관공서, 식당 등의 입구에 설치돼 소독약을 뿌려대는 '게이트형 전신 소독기'도 가끔 만납니다. 이것도 역시 안 하느니만 못합니다. 게이트 모양에서 소독약이 안개처럼 뿜어져 나오는 기계인데요, 사람이 이 기계를 지나가면서 소독약을 맞는다고 감염 위험이 낮아질까요? 오히려 피부 또는 호흡기, 눈 점막 등을 자극해 건강을 위협할 수 있습니다.

시설 관리자 또는 지자체, 관공서 담당자 입장에선 자신들이 관리하는 시설이 안전하다는 것을 보여주려면 뭐라도 해야 할 것 같은 강박을 느끼기 쉽습니다. 그러나 이런 방식은 안 됩니다. 세계보건기구, 미국 질병통제예방센터와 우리나라 정부는 소독 터널, 캐비넷 등 장비를 이용해 소독제를 사람에게 분무·분사하는 방식은 '어떤 경우에도' 권장하지 않는다고 밝힙니다. 비말감염 또는 접촉감염 위험을 줄여주지도 않으면서 눈과 피부를 자극하고 흡입하면 호흡기 증상, 메스꺼움, 구토 등의 증상이 나타날 수 있기 때문입니다.

이제 우리는 공기청정기 등 항균, 항바이러스 제품을 구매할 때 실생활과 비슷한 조건에서 성능을 시험했는지 따져보게 될 것입니다. 공기 소독기, 전신 소독기 등 부적절한 소독약 사용은 감염 위험을 낮추지 못하고 오히려 건강을 해칠 수 있다는 것도 알게 됐습니다. 세상엔 돈 버는 일보다 더 중요한 것들이 많습니다. 물론 돈을 버는 일은 중요하죠. 그러나 남을 해쳐가면서 돈을 버는 것은 정말 하지 말아야 할 짓입니다. 가습기 살균제 참사에서 우리는 교훈을 얻어야 합니다.

6. 첨단 과학인가, 부도덕의 총아인가

키워드: 악덕기업

2019년 말 처음 보고된 코로나19는 일일 확진자 수가 만 명 대가 넘을 만큼 만큼 위세가 꺾이지 않고 있습니다(2023년 3월 현재). 신종플루 사태 당시 구원자가 됐던 '타미플루'와 같은 효과적인 치료제가 개발됐다는 소식은 아직 없습니다. 현재 국내에선 팍스로비드와 라게브리오가 치료제로 사용되긴 하지만 타미플루처럼 극적인 효과를 발휘하지는 못하고 있습니다. 함께 투여하면 부작용을 일으키는 약물이 많아 범용성이 떨어지는 한계가 있기 때문입니다.

이런 상황 탓에 당국은 위중증 환자가 아니면 코로나19 확진자에게 감기약을 먹으라고 권합니다. 한때 중국이 제로 코로나 정책을 포기하면서 급격히 확진자가 늘어나는 바람에 중국 보따리상이 우리나라 약국을 돌면서 감기약을 싹쓸이 해간다는 보도가 나오기도 했습니다. 지자체와 약사회, 보건 당국이 조사에 나섰지만 보도된 것과 같은 사례는 발견되지 않았습니다. 다만 중국이 자국 내 품귀 현상이 일어날까 봐 감기약 원료 수출을 제한하지 않을까 하는 우려가 일기도 했습니다.

100% 성공하는 연구는 없다

효과적인 치료제는 백신과 함께 감염병을 종식할 수 있는 인류의 강력한 무기입니다. 우리나라는 2021년 2월 셀트리온이 개발한 항체 치료제 '렉키로나주'가 조건부 허가를 받아, 미국에 이어 자체 개발 치료제를 가진 두 번째 나라가 됐습니다. 그러나 렉키로나주는 정맥주사로 투여해야 하고 고위험군의 경증 환자나 중등증 환자의 증상을 개선할 목적으로만 사용할 수 있어 범용성이 떨어집니다. 그마저도 오미크론 변이 바이러스에 효과를 발휘하지 못해 2022년 2월 공급이 중단됐습니다.

코로나19 발병 초기부터 다수의 제약·바이오 회사는 치료제와 백신 개발에 뛰어들었습니다. 2023년 3월 현재 국내에서 개발 완료된 백신은 SK바이오사이언스의 '스카이코비원' 한 종뿐입니다. 코로나19 발병 이후 다수의 업체가 치료제 후보 물질을 도출하거나 연구를 시작한다고 발표해 주목받았지만, 임상시험을 신청하지 못한 회사도 많습니다.

코미팜은 2020년 2월 26일 '코로나19 바이러스 감염 폐렴 환자에 경구 투여한 PAX-1 요법에 대한 제2/3상 임상시험' 계획 승인을 식약처에 신청했습니다. 이 소식이 알려진 날 코미팜 주가는 100% 이상 상승했죠. 6월 8일 이 업체는 공시를 통해 PAX-1의 긴급 임상 계획 승인 신청이 반려됐다는 사실을 알렸습니다. 바이러스 감염 동물 모델에서의 염증 저해 효과와 임상 증상 경감 또는 치사율 감소 등 임상적 효과에 대한 자료를 추가로 제출할 필요가 있다는 게 식약처의 판단이었습니다. 이 업체는 이후 사유를 보완해 긴급 임상시험 계획을 재신청한다고 했지만 현재까지 코미팜은 임상시험 승인을 받지 못했습니다.

씨티씨바이오는 2020년 4월 동물용 구충제 이버멕틴을 코로나19 치료제로 개발한다는 내용을 발표하면서 시장의 관심을 받았습니다. 그 후 이버멕틴 관련주로 묶이기는 했지만 관련 실험 결과를 공식적으로 내놓은 적은 없습니다. 임상시험을 신청하지도 않았습니다.

희망을 돈벌이에 이용하나?

제약·바이오사들은 코로나19 치료제 개발에 뛰어듦으로써 주가 부양 효과를 누렸습니다. 주가가 급등락하면 피해는 고스란히 '상투'를 잡은 개인 투자자들에게 돌아옵니다. 업체들이 연구 개발에 제대로 힘쓰지 않고 주가 부양 용도로 치료제 개발 정보를 공개하고 있다는 비판이 나오는 까닭입니다. 그러나 이를 제재할 방법은 없습니다. 통상 10년 정도 걸리는 신약 개발 기간을 고려하면 회사가 중도에 개발을 중단하거나 지연하는 것을 감시하기란 쉽지 않습니다. 회사의 개발 중단이나 지연이 의도적인지 불가피한지 가려내기도 쉽지 않습니다.

신약 개발은 전(前)임상부터 시작해 1~3상을 거치며 안전성과 유효성을 입증하는 과정입니다. 그러나 업체들은 전임상 단계인 세포 수준의 실험을 하면서부터 약물의 유효성을 입증했다며 보도자료를 재빨리 배포합니다. 이는 시장의 기대감을 불러일으키는 호재로 작용해 주가를 띄웁니다. 그러나 엄격한 임상시험을 통과하지 않고는 실제 치료제 개발로 이어지지 않습니다.

금융위원회는 2020년 2월 '코스닥시장 제약·바이오기업 공시 투명성 제고를 위한 가이드라인'을 발표했습니다. 임상시험 계획과 품목 허가, 기술 이전 계약 등에 관한 내용을 의무적으로 공시하도록 했습니다. 그러나 임상시험 돌입 이전 단계에 관해서는 아무런 지침이 없습니다. 업체들은 이런 허점을 파고들어 세포 수준의 실험 결과를 내놓은 뒤 정작 임상시험은 진행하지 않기도 합니다. 신약 개발로 이어질 듯이 기대감을 부풀려 주가를 띄우는 수단으로 악용하는 것이죠. 우리나라 주식시장에는 제어할 방법이 없습니다. 한국거래소는 의무 공시 사항을 잘 지키고 있는지만 살펴볼 뿐 예고한 대로 개발을 추진하고 있는지는 점검하지 않습니다. 제약사들의 자정 노력도 필요하겠지만 이들을 규제하지 못하는 현행 자본시장 감시 제도를 보완해야 합니다.

"바이오주에 들어가는 게 아니었는데"라며 후회하는 분을 많이

봤습니다. 주식시장이 워낙 기대심리로 움직이는 곳이기는 하지만 세포 수준의 실험 결과를 발표하거나 임상시험에 들어가기도 전인 전임상 단계에서 효과를 발견했다면서 대대적으로 바람몰이하는 바이오기업은 더 꼼꼼히 체크해야 합니다. 진료는 의사에게, 약은 약사에게. 투자는 자신의 판단과 자기의 책임으로. 굉장한 금언입니다.

7. 근거 없는 비과학적 권고

키워드: 근거 없음

관공서, 아파트, 쇼핑몰 등 웬만한 건물 엘리베이터에 다 붙어 있는 게 있습니다. 지하철 손잡이 봉에도 붙어 있습니다. 교통카드를 찍는 판독기 위에도 붙어 있습니다. 바로 항균필름입니다. 구리, 아연 등 금속 성분, 또는 칼슘 등 화학물질이 첨가돼 바이러스가 닿으면 불활성화된다고 광고합니다. 2020년 코로나19가 확산된 초창기부터 현재까지 온갖 곳에 이 항균필름이 붙었습니다. 지자체는 예산을 들여 항균필름을 구입해 관내 아파트에 배부했습니다. 과연 이 항균필름이 코로나19 바이러스가 전파되는 것을 막을 수 있을까요? 항균필름이 오히려 코로나19 확산을 부추겼을까요? 지금은 아무도 답을 내지 못합니다.

기준이 없다

원리는 비교적 간단합니다. 플라스틱 재질의 필름에 바이러스를 사멸(또는 불활성화)시키는 성분을 첨가해 표면에 달라붙은 바이러스의 증식을 억제하는 겁니다. 수많은 제품이 '항바이러스 효과'가 있다고 광고합니다. 몇몇 제품은 인증시험기관에서 코로나19 바이러스를 가지고 시험한 결과를 제시하기도 합니다.

항균필름에 대한 방역 당국의 공식 입장은 아직 없습니다. 2020년 7월 경기도 의정부시 아파트에서 집단감염 사태가 발발했습니다. 당시 권준욱 중앙방역대책본부 부본부장은 유력한 전파 경로로 승강기 또는 문손잡이 등을 지목했습니다. 당국은 통상적으로 구리로 만들어졌거나 또는 구리 성분이 있는 곳(항균필름)에서도 코로나19 바이러스가 4시간 정도 생존한다는 연구 결과가 있다고 밝혔습니다. 정확히 표현하자면 바이러스는 생물과 무생물의 중간이라 금속 구리 표면에서 4시간이 지나면 자기 복제 능력이 사라져 '불활성화'된다고 해야 합니다.

그러나 방역 당국의 입장과는 달리 다른 부처에서는 항균필름이 코로나 예방에 효과가 있다고 받아들인 듯한 조치를 내놨습니다. 2021년 9월 국토교통부의 〈추석 연휴 정부합동 특별교통대책 시행〉 보도자료를 보면 교통수단 방역 관리 방안 중 철도 부문에 '열차 출입구 손 소독제 비치'와 함께 '차내 손잡이 항균필름 설치'라는 문구가 있습니다. 코레일은 전국 열차와 수도권 전철 등 열차 내 손잡이

봉과 역 구내 주요 시설에 항균필름을 부착했습니다. 앞선 2020년 3월에는 서울 강남구청이 관내 모든 아파트에 항균필름을 배부해 엘리베이터 버튼에 부착하도록 했습니다.

여러 부처에서 권고했지만 우리나라에는 항균필름이 효과가 있는지 확인하는 시험법이 아직까지 확립돼 있지 않습니다. 업체들이 저마다 효과가 있다고 주장하는 것일 뿐이죠. 물론 몇몇은 시험 성적을 첨부해놓았습니다. 그러나 시험 방법이 제각각입니다. 어떤 업체는 24시간 동안 항균필름을 바이러스에 접촉시켜 시험했고 어떤 업체는 1분 동안 시험했습니다.

상황이 이렇다 보니 시민들을 헷갈릴 수밖에 없습니다. 도대체 효과가 있는 건지 없는 건지? 항균필름을 붙이면 코로나19 감염 걱정은 끝인 건지? 헛돈만 쓰는 것은 아닌지?

실제로 효과는 있을까?

소비자들이 헷갈리고 있는 사이 정부 부처들은 제각각 항균필름의 효과를 검증하겠다고 나섰습니다. 환경부는 2020년 5월 시중에 유통되는 38종의 항균필름 제품을 수거해 효과를 검증하겠다고 밝혔습니다. 그해 11월에 나온다던 결과는 아직도 감감 무소식입니다. 그래서 환경부에 직접 알아봤습니다. 당시 환경부는 항균필름의 인체 위해성에 초점을 맞추고 시험을 진행했는데 위해성이 미미한 것으로 나타났다고 합니다. 코로나19 바이러스가 아닌 3종의 미생물에 대해 효과성 실험도 진행했지만 제품마다 성능이 다른 것으로 확인됐습니다. 그러던 중 질병관리청에서 항균필름의 효과성을 검증하는 연구를 진행한다는 소식이 알려지면서 환경부는 추가적인 검증은 하지 않았다고 합니다.

질병관리청 소속 국립보건연구원은 2021년 〈항균필름 소재의 코로나19 감염력 억제 효능 분석〉이라는 연구를 발주했습니다. 이 연구의 목적은 표준화·전문화된 기술로 항균필름의 코로나19 감염력 억제 효능을 정확히 판단하고 분석해 관련 정보를 제시하는 것입니다. 연구는 2021년 12월에 끝났지만 2023년 2월 현재까지 결과가 공개되지 않고 있습니다.

왜 결과를 공개하지 않는지 물었습니다. 그러자 질병청은 "시판되는 항균필름 일부를 수거해 효과를 분석한 것이라 항균필름 전반에 대해 일괄적으로 이야기하기 어렵다"라고 밝혔습니다. 그리고 산업통상자원부, 환경부 등 관계 부처와 항균필름의 평가 방법에 대해 의견을 조율하겠다고만 합니다.

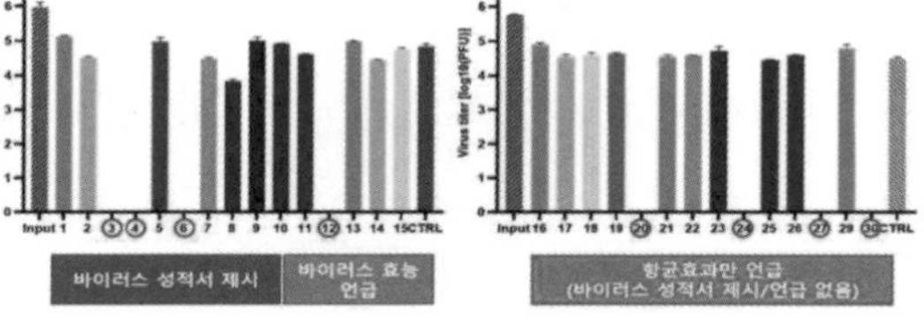

〈항균필름 30종에 대한 코로나19 바이러스 처리 24시간 후 항바이러스 효능 결과〉

항균필름 소재의 코로나19 감염력 억제 효능 분석 연구 보고서. (질병관리청, 2022.8.10)

전 이대로 포기할 수는 없었습니다. 국회 보건복지위원회 신현영 의원실을 통해 해당 자료의 요약본을 입수했는데, 결과는 놀라웠습니다. 고려대학교 의과대학이 수행한 이 연구는 시판 중인 항균필름 30종을 대상으로 코로나19 바이러스 증식 억제 효과를 분석했는데, 고작 8종만 바이러스 증식을 억제했다는 결과를 내놨습니다. 5종은 2시간 접촉 후 바이러스 감염력을 99.99% 억제했고, 2종은 6시간 접촉 후, 1종은 24시간 접촉 후에 같은 효과를 거뒀습니다. 나머지 22종은 바이러스 증식 억제 효과가 미미한 것으로 나타났습니다.

특히 항바이러스 성적서를 제시한 항균필름 제품 10종 가운데 3종, 항바이러스 효과가 있다고 언급한 제품 4종 가운데 1종만 항바이러스 효능 99.99%를 나타냈습니다. 이는 항균필름 업체들이 제시한 시험성적이 실제 항바이러스 효능으로 이어지지 않고 있다는 것을 방증합니다. 질병청은 "항균필름의 항바이러스 효능을 평가하는 공인 시험법을 마련할 필요가 있다"라고 의미를 부여했습니다.

한번 붙이면 오래 사용하는 항균필름의 특성을 고려해 장기 안정성도 시험했습니다. 항바이러스 효능 99.99%를 나타낸 8종의 항균필름을 대상으로 3개월 동안 1개월 단위로 조사한 결과 구매일로부터 3개월까지 효능이 떨어지지 않은 것으로 나타났습니다. 인위적으로 항균필름을 손상시킨 뒤에도 효능에 변화는 없었습니다.

질병관리청은 실험실의 제한된 조건에서 분석한 결과이므로, 실제 현장 조건을 반영한 평가가 필요하다고 밝혔습니다. 엘리베이터 등 항균필름 부착 시설의 이용자 수가 많고 짧은 시간 동안 반복 노출이 일어나는 상황까지 고려한 평가가 이뤄질 필요가 있다고 본 것이죠.

책임자는 누구인가

코로나19가 국내에 상륙하자 업체들은 발빠르게 항균필름 판매에 열을 올렸습니다. 저마다 시험성적서를 첨부하고 바이러스 억제에 효과가 있다고 광고하면서 물건을 팔았지만 30종 가운데 8종만 99.99% 바이러스 억제 효능을 나타낸 것으로 판명됐습니다. 정부, 지자체, 공공기관은 그동안 업체의 광고만 믿고 제품을 구매해 다중의 손이 닿는 곳을 항균필름으로 도배했습니다. 일부는 효과도 없는 항균필름을 사다 붙이는 데 우리가 낸 세금이 쓰인 겁니다. 정부는 코로나19 국내 발병 이후 2년 8개월이 지나서야 항균필름의 효과를 검증했습니다.

그러나 아직 풀리지 않는 의문이 있습니다. 99.99% 항바이러스 효능을 나타낸 8종의 항균필름은 어디든 붙이기만 하면 해당 공간 이용자의 감염 위험을 확 낮추는 것일까요? 가령 아파트 엘리베이터 버튼 위에 2시간 동안 99.99% 바이러스 억제 항균필름을 붙였다고 칩시다. 감염자 A가 아파트 현관 밖에서 마스크를 벗고 돌아다니다가 손바닥으로 입을 가리고 재채기를 했습니다. 그러고는 아파트 현관에 들어서면서 마스크를 썼습니다. A가 1층 현관에서 항균필름이 붙은 엘리베이터 호출 버튼을 눌렀습니다. A가 집으로 들어가고 3분 뒤 비감염자인 B가 1층 현관에서 엘리베이터 호출 버튼을 눌렀죠. B의 감염 위험은 얼마나 될까요? 3분 동안 항균필름 위에서 코로나19 바이러스가 얼마나 감염력을 상실하는지를 알아야 합니다. 우리는 아직 이런 부분은 모릅니다.

혹자는 엘리베이터 버튼을 누르고 나서 손 소독제로 소독하면 될 것 아니냐고 말할 겁니다. 물론 맞는 말입니다. 그렇다면 항균필름은 존재 의미가 없죠. 모두가 무언가를 만지고 나서 손소독을 철저히 한다면 항균필름을 붙일 이유가 전혀 없지 않을까요?

산업통상자원부 소속 국가기술표준원은 2021년 3월 〈K-방역 생활용품 시험 인프라 구축 지원〉 사업에 착수한다고 밝혔습니다. 항바이러스 시험 장비 및 설비를 구축하고, 시험 평가 절차에 대한 공신력을 확보해 국제 공인 시험성적서 발급 체계를 갖추겠다는 내용입니다. 코로나바이러스를 억제하는 효과가 있는 제품은 국제기준에 맞춰 시험한 뒤 인증을 내주는 체계를 갖추겠다는 뜻이죠. 현재는 한국화학융합시험연구원에 시험 장비를 구축한 상태입니다.

유행처럼 여기저기 붙어 있는 항균필름. 그러나 얼마나 효과가 있는지, 어떻게 관리해야 하는지 정확하게 말해주는 곳이 없습니다. 사용자도 그저 '안 한 것보다는 효과가 있겠지' 하는 막연한 기대감에 지갑을 열고, 예산을 씁니다. 권고에 근거가 있는지 따져볼 필요가 있습니다.

★ ★ ★
★ 2부 ★

언론,
유사 과학의 통로

8. 위대한 소금 이야기

키워드: 근거 없음 언론

인터넷 매체 더팩트는 2020년 11월 30일 〈울릉도는 확진자 다녀가도 확진자 안 나와 …염분이 코로나19 바이러스 박멸〉이라는 제목의 기사를 발행했습니다.

풍성한 한가위 되세요
THE FACT 전국 2022.09.11(일)
단독 정치 경제 사회 전국 연예 스포츠 포토 오피니언 전

울릉도는 확진자 다녀가도 확진자 안 나와.. "염분이 코로나19 바이러스 박멸"

입력: 2020.11.30 10:21 / 수정: 2020.11.30 11:30

코로나 19에 염분이 강하다는 연구 결과가 나와 주목된다.울릉군은 캐나다 앨버타 대학진이 소금을 주성분으로 한 이물질이 바이러스를 둘러싸 굳으면서 살균 효과를 내는 것으로, 즉 바이러스가 염분에 접촉하는 순간 박멸된다는 실험결과를 내놓았다"고 설명했다./조성출 기자

'울릉도는 확진자 다녀가도…'. (더팩트, 2020.11.30)

해당 보도는 당시 코로나19 국내 발병 이후 10개월이 지나도록 울릉도가 선방하고 있는 이유를 염분에서 찾았습니다. 울릉도는 바다에 둘러싸여 있고, 염분이 바이러스를 박멸해 울릉도민 가운데 코로나19 확진자가 발생하지 않았다는 내용입니다.

말하지도 않은 내용을 인용하다

이 매체는 울릉군청이 캐나다 앨버타대학교 연구진의 소금 코팅 마스크 연구 결과를 인용 발표했다고 보도했습니다. 기사에는 "울릉군은 이 대학 연구진 관계자가 소금을 주성분으로 한 이물질이 바이러스를 둘러싸 굳으면서 살균 효과를 내는 것으로, 즉 바이러스가 염분에 접촉하는 순간 박멸된다는 실험 결과를 내놓았다고 설명했다"라고 적혀 있습니다. 기사의 골자는 울릉도 주민의 몸에 염분이 배어 있어 코로나19에 감염되지 않는다는 것입니다.

울릉도는 2021년 7월 31일까지 코로나19 확진자 수가 3명에 그쳤습니다. 전국 시군구 228곳 가운데 확진자 수가 가장 적었죠. 다른 지역 출신 입도객이 확진자로 밝혀진 사례가 있었지만, 밀접 접촉자로 분류돼 격리된 울릉도 주민 중 확진자가 나오지는 않았습니다. 이를 두고 더팩트는 '울릉도 마을은 대부분 비탈진 계곡에 형성돼 있어 주민들이 항상 해풍에 날리는 염분과 함께 살고 있다'고 분석했습니다.

이 기사는 발행된 날 주요 포털사이트 뉴스 메인에 '많이 본 기사'

로 오르기도 했습니다. 기사를 접한 네티즌들은 댓글로 맹렬히 비난을 퍼부었습니다. "과학적 근거 없는 기사는 쓰레기다", "제주도는 육지냐", "예전에 입에 소금물 뿌려주던 교회에서 대거 확진자가 발생했다"는 내용이 대표적입니다.

팩트체크 매체도 기사 내용을 검증했습니다. 제가 몸담고 있는 뉴스톱에서는 〈[팩트체크] 울릉도민은 염분 때문에 코로나19로부터 안전하다?〉란 기사를 냈고 MBC는 〈[팩트의 무게] 울릉도에서는 소금기 때문에 코로나 안 걸린다?〉란 기사를 통해 보도의 사실 여부를 검증했습니다. 울릉군청은 기사에 언급된 내용과는 아무런 상관이 없었습니다. 울릉군청은 기사 내용에 관해 일언반구 언급한 적이 없다며 왜 이런 기사가 나왔는지 이해할 수 없다는 반응이었습니다. 해당 매체는 울릉군청이 하지도 않은 발표 내용으로 기사를 작성한 것이죠.

더팩트 보도는 인용도 엉터리였지만 연구 결과를 제대로 해석하지도 못했습니다. MBC는 이 연구를 주도한 최효직 앨버타대 교수를 인터뷰했습니다. 최 교수는 "소금 코팅에 사용한 성분도 바닷물과 성분이 다르고, 바이러스가 소금물에 닿는다고 쉽게 사멸되는 것이 아니다"라고 설명했습니다. 최 교수는 "호흡기 질환 전파는 다양한 경로와 방법으로 일어나기 때문에 그 이유를 과학적 연구 결과 없이 염분이 많은 지역 특성에 결부시키는 것은 확대해석"이라는 입장입니다.

통계의 오류

왜 이런 기사가 나왔을까요? 과학에 대한 몰이해와 취재 윤리 실종이 겹쳤기 때문입니다. 모든 기자가 취재 분야의 전공자일 필요는 없습니다. 그러나 전문성이 떨어진다면 해당 분야 전문가의 도움을 받을 수는 있죠. 비전공자가 상식에 비추어 판단해도 억지스러운 기사를 출고했음에도 더팩트는 이 기사를 걸러내지 못했습니다. 그만큼 매체의 데스킹 기능이 취약하다고 볼 수 있는 겁니다.

더팩트는 "울릉군민들은 우리나라 공식 연구기관에도 코로나19와 염분의 역학관계 조사를 의뢰한 뒤 결과가 나오면 마케팅을 통해 울릉도 관광 발전에 도움이 될 수 있도록 해야 한다고 말했다"는 문장으로 기사를 끝맺습니다.

해당 기사에 대한 네티즌 댓글 반응. 다음뉴스

바닷바람에 실려 있는 염분이 사람의 몸에 배어 코로나19 바이러스를 박멸한다면 청해부대 문무대왕함 집단감염 사태는 발생하지 않았을 겁니다. 국내에서 보고된 항만 근로자나 선원의 집단감염 사례도 마찬가지죠. 섬 지역인 제주도에서는 보도 시점인 2020년 11월 30일까지 1732명의 확진자가 발생했습니다. 더팩트의 논리대로라면 삼면이 바다인 우리나라 해안 지역에서는 확진자가 나오지 말아야 합니다. 영국, 일본 등 비교적 바다와 가까운 섬나라는 확진자 규모가 적어야 할 테고요.

울릉군 인구는 9077명으로 전국 시군구 중 가장 적습니다. 일반인이 울릉도에 접근할 방법은 여객선뿐이죠. 인구가 적은 데다가 유입되는 외지인이 드나드는 경로가 사실상 하나뿐이라 방역에 유리한 조건입니다. 울릉군 통계에 따르면 하루 평균 울릉도를 찾는 관광객은 757명 정도입니다. 인구수에 관광객을 더해도 9834명이죠. 이 합계를 모수로 10만 명당 확진자 수를 구하면 30.5명입니다. 전남 강진군은 인구 3만 4597명에 확진자 8명이 발생해 10만 명당 확진자 수로 환산하면 23.1명으로 울릉도보다 더 적습니다. 게다가 2021년 1월 16일 이전까지 확진자가 단 1명도 발생하지 않았습니다. 당시 강진군은 확진자가 발생하지 않은 이유를 방역 성공에서 찾았습니다. 남도일보 2020년 12월 16일 보도에 따르면 강진군은 민·관이 협력해 강력한 방역 시스템을 구축하고 읍·면사무소 마을 담당제를 시행했습니다. 관공서와 어린이집, 유치원, 경로당 등 사람이 모이는 곳을 수시로 방역하고 손 소독제와 세정제를 비치했고, 저소득층과 장애인 등 취약 계층에 마스크를 미리 나눠주며 예방 수칙을 강조했습니다. 남도일보는 방문객을 대상으로 공무원들이 코로나19 예방 수칙을 적극적으로 홍보한 것도 코로나19를 방지하는 데 일조했다고 평가했습니다.

소비자가 좋은 언론을 만든다

한눈에 봐도 상식적이지 않은 보도들을 가끔 보게 됩니다. 대다수의 언론사가 사실 확인보다 조회 수 경쟁에 몰두하고 있는 게 현실입니다. 이런 보도는 큰 의미를 두지 않고 흘려버리는 편이 좋습니다. 영 찜찜하고 확인하고 싶은 마음이 든다면 해당 보도에 대한 팩트체크 기사가 있는지 확인해보세요. 팩트체크 미디어에 팩트체크를 의뢰하는 것도 좋은 방법입니다. 확인하고 싶은 기사에 적혀 있는 기자 이메일로 직접 기사 내용을 문의해도 좋습니다. 당장 속 시원한 대답은 들을 수 없을지 몰라도 해당 기자가 앞으로 기사를 작성할 때 더 신경 써서 꼼꼼히 취재하도록 변화를 유도하는 방법입니다. 미디어 소비자가 비판 없이 기사를 수용할 것이 아니라 적극적으로 피드백을 보내고 사실과 다른 점을 따져 묻는 풍토를 조성해야 합니다. 소비자가 눈을 뜨고 기업을 감시해야 좋은 제품이 나오겠죠. 저널리즘도 마찬가지입니다.

2018년 과학기자대회에서 이덕환 서강대학교 화학과 명예교수는 이렇게 말했습니다.

"유사과학의 공통적 특징은 전부 과학을 앞세우는 것이다. 가까운 이웃부터 영세 사업자들, 대기업까지 유사과학을 퍼트리는 사람이 많지만 언론이 가장 중요한 통로 역할을 해왔다."

맞는 말입니다. 한국 언론은 인재를 키우는 데 소홀하고, 하루하루 조회 수 경쟁에 매몰돼 장기적인 신뢰를 쌓는 일에는 무신경합니다. 전문성 없음을 부끄럽게 여길 줄 모릅니다. 취재 분야를 공부하고 지식을 습득하면서 전문성을 쌓기보다는 얄팍한 지연, 학연, 혈연 등에 기대 하루를 모면하는 데 익숙합니다.

모를 수 있습니다. 전문성이 부족할 수 있습니다. 그러나 이런 결함은 확인과 취재로 극복할 수 있습니다. 모르면 물어보는 것이 언론과 기자의 기본 역할입니다. 확인하고 또 확인해서 사실을 전달할 의무가 언론에게는 있습니다. 그런 일을 하라고 독자는 언론사에 구독료를 지불하고, 기사에 포함된 광고를 보고, 조회 수를 높여주는 방식으로 대가를 치릅니다. 그러나 우리나라 언론은 너무도 기본에 소홀합니다.

울릉도 바닷바람 속 소금이 많은 생각을 하게 했습니다. 우리사회의 소금이 되어야 할 언론의 본분에 대해서도 말입니다. 검증하고 확인하고 취재하지 않으면 유사과학의 통로가 될 뿐입니다.

9. 안 건강해지는 건강 정보

키워드: 연구 왜곡

근거가 있겠지 하고 생각하던 것들이 있습니다. 모두가 그렇게 알고 있으니 맞겠지 하는 생각을 뒤로 물리고, 하나하나 뒤집어 보도록 합시다.

뒤로 걸으면 성기능 강화 …스스로 논문 뒤집은 연구자

도심 하천을 따라 조성된 산책로에서 종종 뒤로 걷는 사람을 만날 수 있습니다. 주로 나이 지긋하신 어르신들이죠. 왜 하시냐고 물어보면 "건강에 좋아서"라고 대답합니다. 평소에는 쓰지 않던 근육을 사용해 건강에 도움이 된다는 믿음을 갖고 있기도 하죠. 정말 건강에 도움이 되는 걸까요?

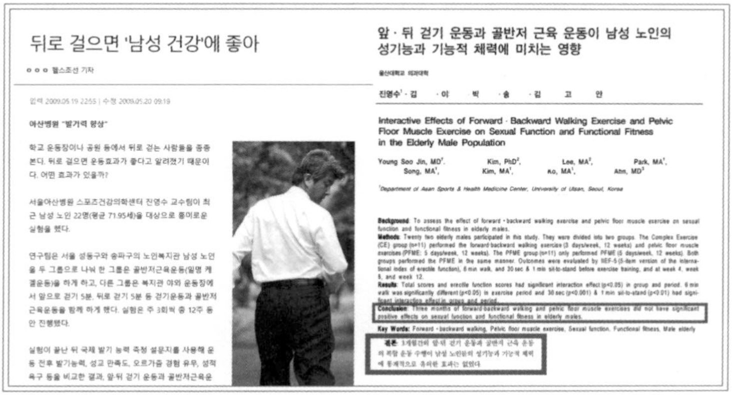

뒤로 걸으면 '남성 건강'에 좋아

ㅇㅇㅇ 헬스조선 기자

입력 2009.05.19 22:55 | 수정 2009.05.20 09:19

아산병원 "발기력 향상"

학교 운동장이나 공원 등에서 뒤로 걷는 사람들을 종종 본다. 뒤로 걸으면 운동효과가 좋다고 알려졌기 때문이다. 어떤 효과가 있을까?

서울아산병원 스포츠건강의학센터 진영수 교수팀이 최근 남성 노인 22명(평균 71.95세)을 대상으로 흥미로운 실험을 했다.

연구팀은 서울 성동구와 송파구의 노인복지관 남성 노인을 두 그룹으로 나눠 한 그룹은 골반저근육운동(일명 케겔운동)을 하게 하고, 다른 그룹은 복지관 야외 운동장에서 앞으로 걷기 5분, 뒤로 걷기 5분 등 걷기운동과 골반저근육운동을 함께 하게 했다. 실험은 주 3회씩 총 12주 동안 진행됐다.

실험이 끝난 뒤 국제 발기 능력 측정 설문지를 사용해 운동 전후 발기능력, 성교 만족도, 오르가즘 경험 유무, 성적 욕구 등을 비교한 결과, 앞·뒤 걷기 운동과 골반저근육운

앞 · 뒤 걷기 운동과 골반저 근육 운동이 남성 노인의 성기능과 기능적 체력에 미치는 영향

울산대학교 의과대학

진영수[1] · 김 · 이 박 · 송 · 김 고 안

Interactive Effects of Forward · Backward Walking Exercise and Pelvic Floor Muscle Exercise on Sexual Function and Functional Fitness in the Elderly Male Population

Young Soo Jin, MD[1], Kim, PhD[2], Lee, MA[2], Park, MA[1], Song, MA[1], Kim, MA[1], Ko, MA[1], Ahn, MD[3]

[1]Department of Asan Sports & Health Medicine Center, University of Ulsan, Seoul, Korea

Background: To assess the effect of forward · backward walking exercise and pelvic floor muscle exercise on sexual function and functional fitness in elderly males.
Methods: Twenty two elderly males participated in this study. They were divided into two groups. The Complex Exercise (CE) group (n=11) performed the forward-backward walking exercise (3 days/week, 12 weeks) and pelvic floor muscle exercises (PFME: 5 days/week, 12 weeks). The PFME group (n=11) only performed PFME (5 days/week, 12 weeks). Both groups performed the PFME in the same manner. Outcomes were evaluated by IIEF-5 (5-item version of the international index of erectile function), 6 min walk, and 30 sec & 1 min sit-to-stand before exercise training, and at week 4, week 8, and week 12.
Results: Total scores and erectile function scores had significant interaction effect ($p<0.05$) in group and period. 6 min walk was significantly different ($p<0.05$) in exercise period and 30 sec ($p<0.001$) & 1 min sit-to-stand ($p<0.01$) had significant interaction effect in group and period.
Conclusion: Three months of forward-backward walking and pelvic floor muscle exercises did not have significant positive effects on sexual function and functional fitness in elderly males.
Key Words: Forward · backward walking, Pelvic floor muscle exercise, Sexual function, Functional fitness, Male elderly

결론: 3개월간의 앞·뒤 걷기 운동과 골반저 근육 운동의 복합 운동 수행이 남성 노인들의 성기능과 기능적 체력에 통계적으로 유의한 효과는 없었다

헬스조선 기사(왼쪽)와 인용된 논문(오른쪽)의 결론이 상반된다.

헬스조선 등 일부 보도에서 뒤로 걷기가 치매를 예방하고 발기 능력을 증진시킨다는 내용을 찾아볼 수 있습니다. 헬스조선은 2009년 〈뒤로 걸으면 '남성 건강'에 좋아〉란 기사를 통해 뒤로 걷기가 남성 노인의 성기능 개선에 효과가 있었다고 보도했습니다. 보도 근거는 서울아산병원 스포츠건강의학센터 진영수 교수팀이 남성 노인 22명(평균 71.95세)을 대상으로 진행한 실험이었습니다.

헬스조선은 "실험이 끝난 뒤 국제 발기 능력 측정 설문지를 사용해 운동 전후 발기 능력, 성교 만족도, 오르가즘 경험 유무, 성적 욕구 등을 비교한 결과, 앞·뒤 걷기 운동과 골반저 근육운동을 한 그룹의 성기능 점수는 3.4점 높아졌다. 반면 발기부전 개선에 효과가 있는 것으로 알려진 골반저 근육운동만 한 그룹은 오히려 성기능 점수가 4.4점가량 떨어졌다"고 보도했습니다.

헬스조선은 연구 결과를 소개한 뒤 연구를 진행한 진 교수의 발언을 소개했습니다. 진 교수는 헬스조선 인터뷰에서 걷기 등 운동을 하면 혈관이 건강해지는데 음경 혈관도 마찬가지라고 강조합니다. 그는 걸으면 발기력이 향상되며 특히 뒤로 걷기 운동이 더 효과적이라고 말했습니다.

이 보도 이후 헬스조선은 뒤로 걷기가 성기능 개선에 도움이 된다는 기사를 6건 더 보도했습니다. 일부 보도에선 뒤로 걷기가 성기능을 개선한다는 것이 학계의 정설인 양 별다른 인용 또는 근거자료 제시 없이 기사를 풀어나갔습니다. 또 일부 기사는 진 교수의 연구 내용을 보도한 자사의 2009년 보도를 근거로 제시했습니다. 말하자면 자기 복제인 셈입니다.

건강 매체는 한 번 기사를 내보낸 뒤 자사의 기사를 별다른 취재 없이 재가공해 다시 내보내는 경우가 많습니다. 특히 계절을 타는 기사들, 예를 들면 '봄철 나른함을 깨우는 음식5', '여름철 더위를 쫓는 음식7' 따위의 부류입니다. 해외 건강 정보 사이트를 번역해 작성한 기사를 계절이 바뀔 때마다 재사용하는 식입니다.

헬스조선의 '뒤로 걷기 성기능 개선' 기사도 2009년 처음 작성된 이후 여러 차례 재사용됐습니다. 과연 이 기사는 재사용을 할 정도로 단단한 과학적 근거가 있을까요?

뒤로 걷기 성기능 개선 기사 재사용 시리즈의 출발점이 됐던 진 교수의 연구를 찾아봤습니다. 2009년 3월 대한노인병학회지 《노인병(Journal of the Korean Geriatrics Society)》에서 진 교수의 연구 〈앞·뒤 걷기 운동과 골반저 근육운동이 남성 노인의 성기능과 기능적 체력에 미치는 영향〉을 찾을 수 있었습니다. 기사에서 언급된 연구 주제와 대상이 일치합니다.

연구의 개요는 이렇습니다. 서울 성동구, 중구, 송파구, 동대문구 노인 복지관 소속의 노인 22명을 11명씩 두 팀으로 나눕니다. 복지관에 옥외 운동장이 있는 성동구, 송파구 복지관 소속 노인들은 앞·뒤 걷기 운동과 '케겔운동'이라고 부르는 골반저 근육운동을 병행하도록 하고 나머지 노인들은 골반저 근육운동만 하도록 시킨 뒤 12주 동안 관찰한 결과입니다.

그런데 논문에 실린 연구 결과는 헬스조선 보도의 맥락과는 전혀 다릅니다. 논문은 연구 결과에 대해 "3개월간의 앞·뒤 걷기 운동과 골반저 근육운동의 복합 운동 수행이 남성 노인들의 성기능과 기능적 체력에 통계적으로 유의한 효과는 없었다"라고 결론지었습니다.

논문에는 운동 효과를 검증할 대조군이 없었으며, 피험자 수가 적었고, 성기능에 관한 설문에 응답을 꺼려 정확한 자료를 얻을 수 없었다면서 3개월간 지속적이고 일관성 있는 운동 지도와 감독이 매우 어려웠다는 점을 한계점으로 명시하고 있습니다. 논문의 핵심은 "유의미한 결론을 도출할 수 없었다"입니다. 그런데도 헬스조선은 이 연구 결과를 근거로 뒤로 걷기가 성기능을 개선한다는 기사를 꾸준히 내보내고 있습니다.

연구를 주관한 진 교수가 헬스조선 인터뷰에서 논문의 결론과는 상반된 언급을 한 겁니다. 논문에서는 '유의한 효과는 없었다'고 결론을 내린 반면, 언론 인터뷰에선 "(발기력 향상에) 특히 뒤로 걷기가 효과적"이라고 말했습니다. 기자는 기사로 말하고, 판사는 판결문으로 말합니다. 연구자들은 논문으로 말하는 법입니다. 자신이 진행한 연구 결과와 상반되는 발언을 언론 인터뷰를 통해 내놓는 것은 굉장히 이례적인 일입니다. 진 교수에게 직접 입장을 들어보고자 여러 차례 통화를 시도하고 문자 메시지를 보냈지만 연락이 닿지 않았습니다.

학술지에 낸 논문은 동료 검증 등의 과정을 거치기 때문에 실험 조건 등을 투명하게 공개합니다. 재현 가능성이 과학 연구에서 굉장한 중요하기 때문입니다. 물론 조작된 연구가 나중에 들통나는 사례도 찾아볼 수 있습니다. 그러나 대다수 연구자는 과학적 방법론에 근거해 논문을 작성합니다. 연구자들이 가끔 학계의 정설과는 다른 이야기를 단행본 형태로 발행하는 사례를 찾아볼 수 있는데요, 단행본은 검증 대상이 되지 않기 때문에 엄밀한 방법론을 동원하지 않습니다. 연구자 입장에선 좀 더 자유롭게 이야기를 풀어낼 수 있는 장점이 있지만 과학적 방법론과 동떨어진 내용이 '과학자'의 권위를 입고 유통되는 폐단을 낳을 수도 있습니다.

나무에 등치기 …척추 다칠 위험

건강과 관련된 비과학적 정보는 너무 많이 돌아다니고 있고, 이런 비과학적 정보를 별 고민 없이 따라 하는 장면도 너무 손쉽게 볼 수 있습니다. 동네 뒷산 '약수터'에 가보면 지자체에서 운동기구를 설치해놓은 널찍한 공간을 만날 수 있습니다. 여기서 주로 어르신들이 운동을 많이 하는데 나무에 등을 부딪치는 모습을 종종 볼 수 있습니다.

지하철 5호선 오목교역 승강장에 설치됐던 통나무 안마대.
필자의 취재 이후 서울교통공사는 이 물건을 철거했다.

지하철 5호선 오목교역에 승강장 구내에는 '통나무 안마대'가 설치돼 있었습니다. 벽면에 통나무를 세로로 반 잘라 붙여놓은 모양입니다. 통나무에 몸을 부딪치면 안마와 지압 효과를 거둘 수 있다는 설명까지 달렸습니다. 설명대로라면 통나무에 몸을 부딪치기만

해도 무병장수할 수 있을 것 같은데요. 과거 기사를 검색해보니 이 통나무 안마대는 2002년 도시철도공사가 설치한 것으로 확인됩니다. 오목교역을 비롯해 서울지하철 5~8호선 역 10곳에 설치했습니다. 무려 20년 가까이 유지돼오던 것들이죠.

'나무에 등치기'로 검색해보면 관련 뉴스도 많이 나옵니다. 대부분 위험성을 강조하는 기사입니다. 통나무에 툭 튀어나온 '옹이' 부분이 척추를 가격하거나, 골다공증 환자 등 뼈가 약한 사람들은 등을 부딪칠 때 충격으로 뼈에 손상이 올 수 있다는 경고를 담고 있습니다.

뭐가 맞을까요? 궁금하면 물어봐야겠죠. 전문가에게 직접 물어봤습니다. 원진녹색병원 정형준 재활의학과 전문의는 "산에 다닐 정도로 건강하신 분이라면 골밀도에 관해 크게 걱정할 필요는 없다"라면서도 나무에 등치기가 추천할 만한 운동은 아니라고 덧붙였습니다. 어르신들은 충격이 가해지는 운동보다 태극권류의 '슬로우 스트레칭' 또는 충분한 걷기 운동이 건강을 유지하는 데 유익하다는 견해를 밝혔습니다.

통나무 안마대를 설치해놓은 서울교통공사의 입장을 물었습니다. 서울교통공사 관계자는 "당시 웰빙에 대한 욕구가 커졌고 이에 부응하는 차원으로 승강장에 통나무 안마대를 설치한 것으로 파악된다"라고 밝혔으나 위험성을 지적하는 의견이 많았고 사용자도 점차 줄고 있는 추세라 철거 여부를 검토하겠다는 발전적인 자세를 취했습니다. 이후 교통공사는 승강장에서 통나무 안마대를 철거했습니다. 20년 동안 자리를 지켜온 통나무 안마대가 과학적 근거를 따져 묻는 물음에 슬그머니 자취를 감춘 것입니다. 누군가 문제를 제기하지 않았다면 천년만년 그 자리에 계속 붙어 있었을지도 모릅니다. 지하철을 기다리던 어르신들은 '하라고 만들어놓은' 통나무 안마대에 계속 등을 부딪히며 '아~ 시원하다' 했을 거고요. 그중에 뼈가 약한 누군가는 중상을 입었을 가능성도 배제할 수 없습니다. 과학적 근거를 따져 묻는 호기심이 세상을 조금 변화시켰습니다.

하루에 만 걸음 걸어야 건강? …상술

건강 걷기와 관한 속설 중 가장 널리 퍼진 속설은 "건강하려면 하루 1만 걸음을 걸어야 한다"는 말일 겁니다. 만보기라는 기계가 있을 정도로 우리나라 사람의 걷기 목표는 대부분 하루 1만 걸음입니다. 미국 뉴욕타임스는 2021년 7월 8일 〈Do We Really Need to Take 10,000 Steps a Day for Our Health?(건강을 위해 하루 1만 걸음이 정말 필요한가?)〉라는 기사를 보도했습니다. 이 기사는 하루 1만 걸음에 대한 믿음은 일본에서 유래한 미신에 가깝다고 평가했습니다.

일본에서 1964년 도쿄 올림픽이 끝난 뒤 건강에 대한 관심이 급증하자 이에 편승해 이익을 보려는 업체가 '만보-미터'라는 걸음 수 세는 기계를 만든 게 출발점이었습니다. 전문가들은 만보계에서

1만을 뜻하는 '만'(万) 자가 사람이 걷는 모습과 흡사해 판매 촉진 차원에서 만보 걷기를 홍보했을 뿐 특별한 과학적 의미는 없다고 지적했습니다.

뉴욕타임스는 걷기의 건강 증진 효과를 분석한 기존 연구를 인용해 실제 최적점은 1만 보보다 훨씬 적은 수준에서 형성된다고 설명했습니다. 하버드대학교 보건대학원의 2019년 논문에 따르면 하루 4400 걸음을 걷는 70대 여성은 2700걸음 이하를 걷는 같은 연령대 여성보다 조기 사망 위험이 40% 정도 줄어드는 것으로 나타났습니다.

미국 의학협회 저널 네트워크에 2020년 3월 게재된 더 광범위한 논문에서도 비슷한 결과가 눈에 띕니다. 이 연구의 결론은 하루 1만 걸음은 장수의 조건이 아니며 8000걸음 정도를 걷는 사람이 4000걸음 걷는 사람보다 심장 질환 등으로 일찍 죽을 위험이 절반이라는 분석이었습니다.

아이민 리 하버드대 보건대학원 박사는 미국을 비롯한 다수 국가 정부에서 공식 권고하는 육체 활동량이 하루 30분 정도이며 이를 걸음으로 환산하면 하루 2000~3000걸음 정도라는 점에 주목했습니다. 많은 이들이 쇼핑이나 집안일 등으로 매일 5000걸음 정도를 걷기 때문에 하루에 2000~3000걸음(1.6~2.4㎞) 정도를 더 걷는다면 최적점으로 여겨지는 하루 7000~8000걸음을 채울 수 있을 것이라고 결론을 내렸습니다.

전문가들은 일상생활 외에 하루 30분 정도 매일 걷는 게 좋다고 권고합니다. 운동 효과를 누리려면 운동 중 노래를 부를 수 없을 정도의 강도를 유지하는 것이 좋습니다. 일상 걸음보다 빠른 속도로, 허벅지가 당길 정도의 긴장도를 유지하면서 걸어야 운동 효과를 기대할 수 있다는 겁니다.

이렇듯 건강 정보에는 비윤리, 상술, 무근거가 혼재돼 있으니 더욱 주의를 기울여야 합니다.

10. 그럴듯한 엉터리들

키워드: 불명확한 근거 언론

풍요의 시대입니다. 먹을 게 넘치고 너무 먹어서 탈인 시대지요. 그런데 먹을거리에도 가짜 과학이 기승입니다. 그럴듯한 과학적 근거를 제공하는 척하지만 사실 과학과는 동떨어진 '비과학'인 경우가 많습니다. 특히 먹을거리의 영양 또는 효능을 강조하는 콘텐츠는 주의 깊게 살펴야 합니다. 좋다는 걸 먹어서 효과를 얻겠다는 접근보다는 나쁜 것을 회피하고 적게 먹는 쪽이 건강을 유지하는 방법일 때가 많습니다.

딸기는 흰 부분에 영양소가 많다?

2021년 1월 9일 조선일보 자회사 헬스조선은 〈딸기 꼭지 …손으로 떼세요? 칼로 떼세요?〉라는 제목의 기사를 발행했습니다. 딸기 꼭지 근처에 영양소가 가장 많으니 손질할 때 칼로 흰 부분을 떼지 말고 초록색 꼭지만 손으로 떼라고 합니다. 이 매체는 무슨 근거로 이런 기사를 내보냈을까요? 딸기를 좋아하는 딸아이 때문에 매년 시즌마다 딸기를 사는 데만 100만 원 가까이 지출하는 제게는 꼭 팩트체크해야 할 주제입니다.

헬스조선 기사부터 살펴보겠습니다. 딸기 꼭지에 영양분이 가장 많으니 칼로 흰 부분을 도려내지 말고 꼭지만 떼어내라고 알려줍니다. 헬스조선은 딸기 열매는 줄기에서 양분을 받으므로 꼭지 근처에 비타민 등의 영양소가 가장 많이 모여 있다고 언급합니다. 따라서 칼로 꼭지 주위 흰 부분을 도려내면 영양소가 대폭 줄어들기 때문에 손으로 꼭지를 떼는 것이 효과적이라고 주장합니다.

《그 조리법, 영양소의 90%를 버리고 있어요》 책자 중 딸기를 언급한 부분

인터넷에 게재된 기사에는 아무런 근거도 명시돼 있지 않았습니다. 다만 헬스조선 홈페이지에 작은 글씨로 참고 서적이 《그 조리법, 영양소의 90%를 버리고 있어요!》라고 적어놨습니다. 친절하게도 하이퍼링크를 심어놨기에 클릭했더니 전혀 엉뚱한 내용만 나옵니다. 1등 신문을 자처하는 조선일보 계열사인데 굉장히 허술합니다.

큰 서점으로 달려가 기사에 표시된 참고 서적을 찾아봤습니다. 헬스조선의 출판 브랜드인 비타북스에서 펴낸 책입니다. 일본의 한 대학병원 영양부에서 펴낸 도서의 번역서입니다. 영양분 손실 없이 음식을 조리하는 법을 알려줍니다. 딸기와 관련된 대목은 "딸기는 칼로 꼭지를 떼면 비타민이 절반으로 뚝!"이라는 제목을 달고 있습니다. 그렇지만 제목만 있을 뿐 관련된 근거를 제시하지는 않습니다. "딸기는 꼭지 아래가 핵심: 딸기 열매는 줄기에서 양분을 받기 때문에 꼭지 근처에 비타민 등의 영양소가 가장 많이 모여 있습니다"라고 적혀 있습니다. 이 책은 25만 부나 팔린 베스트셀러라고 합니다만 그냥 믿기에는 찜찜함이 남습니다. 미심쩍을 때는 어떻게 해야 할까요? 직접 알아보는 게 최고입니다.

해당 기사의 사실 여부를 파악하고자 국립원예특작과학원에 전화를 걸었습니다. 국립원예특작과학원은 농촌진흥청 소속의 국립 채소 연구기관입니다. 국립원예특작과학원 채소과 최수현 연구사는 "딸기는 과실 끝 부분부터 착색 및 성숙이 이루어집니다. 과실이 하얀 성숙 단계보다 빨갛게 착색되는 성숙 단계에서 안토시아닌

(pelargonidin-3-glucoside 등), 탄수화물(포도당, 자당 등), 유기산(구연산, 말산 등), 비타민(아스코르브산 등) 등의 영양소 함량이 증가합니다. 따라서 꼭지 근처의 하얀 과육에 영양소가 더 많다는 근거는 찾기가 어렵습니다"라고 답했습니다.

상식적으로 생각해봐도 잘 익은 과일이 더 맛있고 영양도 많을 것 같습니다. '딸기 박사님'의 말씀도 줄기를 따라 수분과 양분이 공급되기는 하겠지만 과육의 숙성도에 따라 영양분 함량이 결정된다는 뜻입니다. 말만으로는 믿기 어렵다고 할 분들이 있을지 몰라 문헌 자료도 찾아봤습니다. 국립원예특작과학원이 2013년 발표한 〈딸기 품종의 성숙도, 저장 온도 및 저장 기간에 따른 과실 품질과 항산화 활성 변화〉 논문에 따르면 수확 직후 50% 착색된 '대왕'과 '설향' 품종 딸기의 안토시아닌 함량은 100% 착색된 과실의 33%와 42% 수준이었습니다. 줄기와 가까운 흰 부분의 영양분이 풍부하다고 볼 근거가 없는 것이죠.

귤을 주무르면 달아진다?

딸기와 함께 겨울철 양대 과일로 꼽히는 감귤에 대한 비과학도 널리 퍼져 있습니다. 바로 귤을 더 달게 먹는 방법입니다. 네티즌들이 개인적으로 작성한 블로그부터 공신력 있는 대형 언론사의 기사까지, 귤을 달게 먹는 법에 관한 정보가 셀 수 없을 정도로 많습니다. 일부 기사에서는 꽤 설득력 있는 근거를 제시하기도 합니다. 귤을 주무르거나 던지는 등 충격을 가하면 이 과정에서 '에틸렌(Ethylene)'이라는 성분이 분비되는데, 이것이 귤의 숙성을 유도해 당도를 무려 20%나 상승시켜 실제로 귤의 단맛이 강해진다는 내용입니다. 일각에선 귤을 주무르면 귤 알갱이가 조금씩 터지면서 신맛을 내는 유기산이 귤 전체에 퍼져 맛이 더욱 고루 느껴지게 한다고 전합니다.

도대체 이런 말은 어디에서부터 시작된 걸까요? 학술 연구 논문이 있을까 해서 논문 검색 사이트에서 관련 내용을 찾아봤습니다. 구글 학술 검색(구글 스콜라), 학술연구정보서비스(RISS), 한국학술지인용색인(KCI), 정책연구관리스시스템(PRISM), 한국학술정보(KISS), 국회도서관 등에서 관련 내용을 검색했지만 찾을 수 없었습니다. 알고 싶은 주제에 관한 학술 논문은 보통 이 정도 검색해보면 거의 찾을 수 있습니다. 없으면 없는 거라고 봐도 무방합니다.

기사로 검색되는 가장 오래된 콘텐츠는 2012년 9월 동아사이언스의 보도입니다. 〈추석 과일 맛있게 먹는 법…'떫은 감, 때려! 사과는 구워! 배에 소금 뿌려!'〉라는 제목의 기사인데요. "에틸렌이 많이 분비될수록 감은 달게 되는데, 감에 충격을 주면 더 많은 에틸렌이 분비된다. 적당히 때리면 달달한 감이 된다는 것이다. 귤도 비슷한 효과를 볼 수 있다"라고 보도합니다. 이후 이 기사를 근거로 귤을 주무르면 당도가 높아진다는 속설이 퍼지기 시작한 걸로 보입니다.

에틸렌이 귤의 당도를 20% 상승시킨다는 부분도 찾아봤습니다.

2015년 11월 16일 KBS 보도 〈[똑 기자 꿀 정보] 과육부터 껍질까지… 귤 200% 즐기기〉에 처음 언급됩니다. 해당 보도에 출연한 한 전문가는 "귤에 스트레스를 주면 에틸렌의 영향으로 인해서 당도가 상승하는 경향이 있습니다. 외부에서 공격이 왔을 때 자기를 방어하기 때문에 그냥 생귤보다 당도가 약 20% 정도 상승한다는 연구 보고가 있습니다"라고 말합니다.

미심쩍으면 물어봐야겠죠. 저는 이 전문가에게 직접 '연구 보고'의 출처를 물었지만 뾰족한 대답을 얻지 못했습니다. 그는 인터뷰가 오래된 일이라 기억나지 않고, 관련해 남아 있는 자료도 없다고 합니다. 다만 인터뷰 과정에서 작가가 써준 대본을 철저히 검증하지 못한 점에 대해서는 무거운 책임감을 느낀다고 밝혔습니다. KBS 작가가 써준 대본을 그냥 읽었을 뿐이라고 털어놨으니 양심적이라고 할까요? 그럼 KBS에 물어봐야겠죠.

당시 보도를 내보낸 KBS 기자에게 관련 내용을 문의했지만 아무런 회신을 받지 못했습니다. '불리하면 침묵하기'인 건지, 아무런 근거가 없어서 답변을 할 게 없는 것인지 모르겠지만.

다만, KBS는 당시 보도에서 귤을 위아래로 자르고 아래쪽만 주무른 뒤 양쪽의 당도를 비교한 자체 실험 영상을 제시했습니다. 주무른 아랫부분의 당도가 주무르지 않은 윗부분보다 2브릭스 정도 높게 측정됐습니다. 그러나 위아래를 반으로 자른 것이 아니라 윗부분을 작게 잘라냈기 때문에 당도 차이가 발생한 것일 수도 있습니다. 윗부분 아랫부분이 애초에 같은 귤에서 나왔는지도 확실하지 않습니다. 객관적이고 타당한 조건으로 실험이 진행됐는지 확인할 길이 없습니다.

2021년 12월 20일 농촌진흥청 원예특작과학원 감귤연구소는 〈제철 감귤 알고 먹으면 더 맛있다〉는 보도자료를 통해 이런 속설은 근거가 없다고 설명했습니다. 감귤을 실제로 주무르는 시간은 아주 짧아서 이로 인해 특정 성분 변화가 일어나 맛의 차이를 낸다고 보기는 어렵다는 겁니다. 또한 과학적으로 증명된 연구 결과도 없다고 밝힙니다. 연구소는 "다만, 사람은 체온에 가까울수록 단맛을 느낀다. 귤을 손으로 만지다 보면 체온이 귤에 전달되는데 이 때문에 귤이 좀 더 단 것처럼 느끼는 것"이라고 설명했습니다.

위가 좋지 않은 사람은 감귤을 피하라는 속설도 널리 퍼져 있습니다. 감귤은 다른 과일보다 새콤한 맛을 나타내는 구연산 함량이 높아 위가 좋지 않은 사람이나 임산부는 섭취할 때 주의하라는 내용입니다. 그러나 이것도 과학적 근거가 부족한 '낭설'에 가깝습니다. 연구소에 따르면 일반적인 감귤의 산 함량은 1% 내외로 위에 큰 부담을 주지 않는다고 합니다. 다만, 개인마다 차이가 있으므로 감귤을 먹었을 때 속 쓰림이 느껴진다면 빈속에 섭취하기보다 식사 후 섭취기를 권한다고 하네요.

건강 정보일수록 조심해야 하는 이유

건강, 특히 먹거리와 관련된 정보는 언제나 눈길을 잡아 끕니다. 누구라도 음식을 먹지 않고는 살 수 없는 데다가 먹는 것 자체가 인생의 큰 즐거움이기 때문입니다. 정보 홍수 시대에 건강 관련 컨텐츠를 팔아 생계를 유지하는 많은 매체가 있습니다. 누군가는 관심을 받는 것이 즐거워 건강 관련 컨텐츠를 퍼 나릅니다. 그러나 근거를 갖추지 않고 확인되지 않은 섣부른 내용은 누군가의 건강을 해칠 수도 있습니다.

어느 식당에 가도 음식에 포함된 특정 성분을 거론하면서 약이 되는 음식이라고 홍보하는 현수막 하나쯤은 찾아볼 수 있습니다. "이 음식에는 ○○ 질환에 효과가 탁월한 △△성분이 들어 있다"라고 말하지만 도대체 얼마나 먹어야 효과가 나타나는지는 아무도 설명하지 않습니다. 애초에 그걸 규명할 만한 연구를 하지도 않았으니까 할 말이 없는 거겠죠. "이 음식을 먹으니까 왠지 힘이 솟고 병이 낫는 느낌이에요"라고 하시는 분들을 많이 만날 수 있습니다. 그러나 그건 느낌적인 느낌일 뿐입니다. 그 느낌이 좋아서 돈을 쓰겠다면야 말리지는 않겠습니다. 하지만 '약효'를 기대할 수 없는 음식의 '효능'을 구매하는 데 헛돈을 쓰지는 않았으면 좋겠습니다.

그렇다면 음식의 효능에 관한 믿을 만한 정보는 어디서 얻을 수 있는지 궁금하실 겁니다. 제가 말씀드리고 싶은 건 음식은 음식일 뿐 병을 고치는 약이 아니라는 겁니다. 몸에 이상 증상이 나타나면

병원에 가서 진료를 받고 처방에 따라 약을 복용해 치료해야 합니다. 어떤 증상에는 무슨 음식이 좋다더라는 정보를 무작정 따라 하다가 제때에 치료받지 않으면 오히려 병을 키울 수 있습니다. 좋은 재료로 정성껏 만든 음식을 골고루 맛있게 먹고 소화 잘 시키면 음식에서 누릴 수 있는 이점은 다 누리신 겁니다.

11. 과학을 가장한 음식 루머

키워드: 고정관념 루머

반대로 음식에 과대한 공포를 심어 넣는 비과학도 있습니다. 건강기능식품과는 반대 현상이죠. 이런 사례들도 모아봤습니다.

콜라에 구토 억제제를 넣었다?

구토를 억제하려고 콜라에 인산 성분을 첨가한다는 말이 떠돌고 있습니다. 2015년 연합뉴스와 KBS 등 많은 국내 언론사가 외신을 인용해 보도한 내용이 아직까지 인터넷에서 확산하고 있습니다. 외신이 인용한 것은 레니게이드 파마시스트라는 미국의 대체의학 홈페이지에서 제작한 인포그래픽입니다. 이 인포그래픽은 '코카콜라를 마셨을 때 곧바로 일어나는 당신 몸의 변화(What Happens To Your Body If You Drink A Coke Right Now?)'라는 제목의 글을 참조해 만든 겁니다. 이 글은 헬스볼트라는 미국의 건강 관련 인터넷 사이트에 실렸는데, 지금은 해당 매체의 홈페이지에서 확인할 수 없고 아카이브에서만 확인할 수 있습니다. 작성자는 웨이드 메리디스(Wade Meredith)이고 2006년 12월에 포스팅한 것으로 나타납니다. 주요 내용을 팩트체크해봤습니다.

콜라를 마셨을 때 1시간 동안 일어나는 몸의 변화 인포그래픽. (레니게이드 파마시스트 홈페이지)

인포그래픽은 콜라의 압도적인 단맛에도 불구하고 즉각적으로 구토하지 않는 이유가 인산이 콜라의 맛을 감소시켜 참을 수 있게 하기 때문이라고 설명합니다. 흔히 뚱캔이라고 부르는 콜라 350ml에는 당류 37g이 포함됩니다. 이 정도의 당 함량이 구토를 일으킬까요? 단맛이 강한 다른 음료와 비교해보겠습니다.

파리바게뜨의 '딸기 요거트 쉐이크'는 380g에 당류 71g이 포함돼 있습니다. 100ml(또는 g)당으로 비교해보면 코카콜라는 9.4g, 딸기 요거트 쉐이크는 18.7g의 당류를 포함합니다. 딸기 요거트 쉐이크가 코카콜라보다 2배 가까이 당류를 많이 함유하고 있습니다. 세븐일레븐의 달고나 라떼는 300ml 제품에 39g의 당류가 함유됐습니다. 역시 코카콜라보다 당류 함량이 많죠. 그러나 딸기 요거트 쉐이크와 달고나 라떼가 구토를 유발한다는 이야기를 들은 적이 없습니다.

당분을 과다 섭취할 경우 장내 유해 세균이 증식해 장 기능을 방해한다는 전문가 의견이 있습니다. 또, 장 점막을 손상시켜 구토나 설사 등의 증상이 나타날 수 있고 만성피로까지 유발할 수 있다고도 합니다. 그러나 콜라 한 캔을 마시고 장 점막이 손상된 사례는 보고된 적이 없습니다. 이런 이유로 코카콜라가 압도적인 단맛 때문에 구토를 유발한다는 건 설득력이 떨어집니다. 따라서 구토를 억제하려고 인산이 첨가된다고 보기도 어렵습니다. 영국 코카콜라는 인산 첨가 이유에 대해 "톡 쏘는 맛(tartness)을 내기 위해서"라고 홈페이지에 공개했습니다. 영국 코카콜라에 따르면 코카콜라 클래식, 코카콜라 제로, 다이어트 코크, 닥터페퍼에 인산이 첨가됩니다.

한국코카콜라에도 직접 물어봤습니다. 한국코카콜라 관계자는 인산은 콜라 외에도 과일 주스, 버터, 마요네즈, 익힌 김치 등 많은 음식에 들어 있으며, 콜라처럼 식품에 들어 있는 산은 극소량으로 몸속에 들어가도 위산과 섞여 중성 상태로 소화되기 때문에 인체에 아무런 영향을 미치지 않는다고 설명했습니다. 이어 인산은 콜라 고유의 맛을 내는 레시피의 일부로서 자세한 함량은 공개가 불가하다고 덧붙였습니다.

미국에서 유통되는 대중적인 콜라 캔은 12온스(355ml)입니다. 우리나라엔 350ml와 250ml 제품이 대중적입니다. 350ml 제품의 당류 함유량은 37g입니다. 국내에서 생산된 코카콜라의 원재료 표시를 보면 당류로는 당시럽, 설탕, 기타과당이 함유돼 있습니다. 계산상 편의를 위해 모든 당류를 설탕으로 환산해 계산했습니다. 티스푼 1개당 백설탕 기준으로 3.5g을 담을 수 있으므로 350ml 콜라에 들어 있는 설탕 37g은 10티스푼을 약간 넘습니다. 영국의 설탕 일일 섭취 권장량은 성인 30g 이하, 7~10세 어린이는 24g 이하, 4~6세는 19g입니다. 12온스 콜라 1캔을 마시면 성인도 섭취 권장량을 초과하게 됩니다. 어린이들은 말할 것도 없죠.

우리나라는 설탕의 일일 섭취 권장량을 따로 정하지 않고 있습니다. 다만 식품의 조리 및 가공 시 첨가되는 첨가당은 총 에너지 섭취량의 10% 이내로 제한하라고 권고하고 있습니다. 한국인의 일 평균 에너지 섭취량 2000kcal를 기준으로 환산하면 첨가당의 일일 섭취 권장량은 50g 이내가 됩니다. 미국 FDA도 일일 첨가당 섭취 기준을 2000kcal 식단 기준 50g으로 정하고 있습니다. 영국 권고 기준을 적용하면 350ml 콜라 1캔에는 1일 기준치보다 많은 설탕이 들어 있습니다. 그러나 우리나라와 미국의 권고 기준을 적용하면 1일 기준치를 넘지 않습니다.

인포그래픽에는 콜라에 함유된 카페인의 부정적 영향도 언급돼 있습니다. 콜라를 마신 뒤 40분이 지나면 카페인 흡수가 완료되고, 60분 뒤에는 카페인의 이뇨 작용이 시작되면서 뼈로 향하던 칼슘, 마그네슘, 아연이 나트륨, 전해질, 물과 함께 배출된다고 설명합니다. 식약처는 "카페인은 칼슘·비타민 등 몸속 영양소를 몸 밖으로 내보내 흡수를 방해한다"고 설명합니다. 식약처가 권고한 성인의 하루 최대 카페인 섭취량은 400mg 이하지만, 골다공증을 유발하는 카페인 수준은 하루 330mg 이상입니다. 이 때문에 임산부 권고 기준은 300mg으로 정하고 있습니다. 어린이·청소년은 체중 1kg당 2.5mg이하로 설정돼 있습니다. 몸무게 25kg인 어린이는 하루 62.5mg보다 적게 섭취해야 안전하다고 볼 수 있습니다.

콜라 350ml 한 캔에 들어 있는 카페인은 얼마나 될까요? 콜라 캔에는 원재료명이 표기돼 있긴 하지만 함량은 표시되지 않습니다. 영국 코카콜라 홈페이지를 검색하면 330ml 코카콜라 제품에 32mg의 카페인이 함유된 것으로 나옵니다. 우리나라 식약처의 권고 기준보다 낮습니다. 식약처가 2020년 3월 발표한 조사 결과에 따르면 커피 전문점의 1회 커피 제공량당 평균 카페인 함량은 132.0mg(400mL 기준)이었습니다.

콜라 카페인에 대해 한국코카콜라는 "코카콜라 250ml 1캔에는 24mg의 카페인이 함유되어 있으며 이는 원두커피의 3분의 1, 녹차의 2분의 1 수준"이라고 밝혔습니다.

콜라는 당류를 많이 함유하고 카페인이 포함돼 있어 건강의 적으로 지탄받고 있습니다. 미국 일부 지역에선 설탕 및 인공감미료가 포함된 모든 캔/병 음료에 소다세를 부과하고 있습니다. 비만 등 각종 질환을 부추겨 사회적 비용을 유발한다는 게 이유입니다. 저는 탄산음료의 소비를 권장하는 게 아닙니다. 그렇지만 정확히 알리는 것을 넘어 지나치게 악마화돼선 안 된다는 게 이 글의 취지입니다. 어쩌다 한번 기분 전환 삼아 콜라 1캔 마시는 정도는 건강에 심각한 악영향을 주지 않습니다. 구토를 유발할 정도로 어마어마한 단맛 때문에 구토 억제제로 인산을 첨가한다든지, 콜라를 마시면 뼈가 녹는다든지 하는 말은 도가 지나친 과장이라는 점을 밝혀둡니다.

시리얼은 설탕 폭탄?

아홉 살 딸아이와 함께 살다 보니 초등학교에서 급식을 실시해 얼마나 다행인지 모릅니다. 그래도 자라나는 어린이에게 하루 세끼는 먹여야 하기 때문에 두 끼의 고민이 남습니다. 저녁밥은 주로 퇴근길에 아이를 학원에서 데려오다가 밖에서 먹습니다. 가끔 집에서 먹을 때도 있지만 주로 외식입니다. 아침밥은 또 다른 문제입니다. 새벽같이 일어나 밥하고 국 끓이고 반찬 만들어줘도 막 자다 깬 어린이가 입맛이 있을 리 만무합니다. 아홉 살 딸내미 아침밥 먹이기 작전을 이것저것 시도해봤지만 가장 잘 먹는 메뉴는 시리얼이었습니다. 그런데 시리얼에 다양한 문제를 제기하는 뉴스가 넘쳐납니다. 아이 앞에 놓인 그릇에 시리얼을 부으며 또 고민에 빠집니다.

잘하는 짓일까? 그래서 팩트체크해봤습니다.

시리얼로 건강한 아침? '설탕 폭탄'일 수도

많은 사람들이 아침으로 즐겨 먹는 시리얼. 옥수수, 쌀, 밀가루 등 곡물로 만든 얇은 조각 형태의 식품이다. 많은 사람들이 아침대용으로 시리얼을 우유 또는 과일 주스 등과 함께 먹는다. 많은 식품기업에서 시리얼을 만들며 간단히 만들어 먹을 수 있는 건강식으로 홍보하고 있다. 시리얼은 정말 건강한 아침식사일까?

전문가들은 시중에 나온 시리얼 제품은 건강과는 거리가 멀다고 지적한다. 특히 설탕을 씌운 프로스티드 플

시리얼로 건강한 아침? '설탕 폭탄'일 수도, (주간조선, 2021.4.13)

주간조선 온라인판은 2021년 4월 〈시리얼로 건강한 아침? '설탕 폭탄'일 수도〉라는 기사로 설탕을 입힌 시리얼의 당 함유량 실태를 보도했습니다. 설탕으로 코팅된 시리얼 1회 제공량에는 설탕 12g이 포함돼 있어 일일 섭취 권장량(25g)의 절반 수준에 달한다고 지적했습니다.

이 기사는 해외 사이트를 번역한 것으로 추정되는데 우리나라에는 앞서 살펴봤듯이 설탕의 일일 섭취 권장량이 설정돼 있지 않습니다. 다만 세계보건기구 권고를 인용해 식품의 조리 및 가공 시 첨가되는 첨가당은 총 에너지 섭취량의 10% 이내로 제한하라고 권고합니다. 성인 기준 한국인의 일 평균 에너지 섭취량 2000kcal를 기

준으로 환산하면 첨가당의 하루 섭취 권장량은 50g 이내입니다. 유아는 35g입니다. 세계보건기구는 2015년 3월 가공식품으로 섭취하는 당류를 총 에너지 섭취량의 10% 미만으로 줄이라고 강력히 권고했고 조건부로 5% 미만으로 줄일 것을 권장했습니다.

우리나라에서 시판되는 주요 시리얼의 당류 함유량을 살펴봤습니다. 설탕이 코팅된 프로스트류를 살펴보면 1회 제공량(30g) 기준으로 동서식품의 포스트 콘푸라이트는 10g, 농심켈로그의 콘푸로스트는 9.5g의 당류가 함유됐습니다. 주간조선 보도와는 차이가 납니다. 시리얼 1회 제공량을 섭취하면 세계보건기구 권장 기준의 20% 정도를 채우는 셈입니다. 게다가 당류 함유량을 낮춘 '라이트' 제품도 출시되고 있습니다. 이런 제품은 당류 함유량이 2~6g 정도입니다. 시리얼을 가리켜 설탕 폭탄이라고 하기엔 무리가 있습니다.

온갖 귀여운 캐릭터를 내세우는 어린이용 시리얼 제품의 당류 함량도 조사해봤습니다. 동서식품 8개 제품의 당류 함유량은 1회 섭취 참고량 기준 9~12g이었습니다. 다만 당 함량을 줄였다는 점을 마케팅 포인트로 내세우는 '콘푸라이트 라이트' 제품은 6g으로 어린이 대상 제품 가운데 당 함량이 가장 낮았습니다.

농심켈로그가 판매하고 있는 어린이 대상 시리얼 8개 제품의 당류 함유량은 1회 제공량(30g) 기준 9~11g이었습니다. 다만 당류를 줄인 콘푸로스트 라이트슈거 제품은 당류 함유량이 6.3g으로 낮았습니다. 그러나 전체적으로 이들 어린이 제품은 일반 제품보다 당류 함유량이 많습니다. 굳이 어린이를 위해 설탕 함량이 높은 제품을 살 필요가 있을까요?

시리얼은 열량이 낮아 먹어도 배가 고프다는 지적도 있습니다. 대한급식신문은 2019년 2월 〈아침에 '시리얼' 먹어도 배고픈 이유?〉라는 기사를 발행했습니다. 아침 식사로 시판 시리얼 제품 1회 용량(30g)을 우유 1팩(200㎖)과 함께 먹으면 오전에 필요한 열량의 3분의 1 정도만 섭취하게 된다는 내용입니다. 이 기사는 한국교통대학교 식품생명학부 배윤정 교수의 연구 논문을 인용했습니다. 논문은 〈한국 성인 남녀에서 시리얼 섭취 여부에 따른 영양 섭취 상태 평가: 2013~2016 국민건강영양조사 자료를 이용하여〉라는 제목으로 2018년 한국영양학회지 51권에 게재됐습니다.

배 교수는 논문을 통해 아침 식사로 1일 에너지 권장량의 4분의 1 정도를 공급하는 것을 목표 영양량으로 삼은 선행연구를 고려하면, 1인 1회 분량의 시리얼(30g)과 우유(200㎖)로 구성하는 한 끼 식단은 열량 공급 측면에서 부족한 것으로 보인다고 밝혔습니다.

배 교수의 연구에 따르면 시리얼 1회 섭취량의 구성은 총 72.9g(시리얼 32.6g, 우유 40.3g), 1회 섭취량으로 공급받는 열량은 151.4kcal(시리얼 126.8kcal, 우유 24.6kcal)입니다. 시리얼과 우유(일반 우유)를 함께 섭취했을 때의 열량 섭취량은 성인 남녀(30~49세 성인 남녀)의 1일 열량 필요추정량(남자 2400kcal, 여자 1900kcal) 대비 각각 10.35%, 13.07%로 나타났습니다. 단순히 따져봐도 한 끼당 하루 열량의 30% 정도는 섭취해야 할 것 같은데, 우유를 곁들인 시리얼 1인분은 한 끼 열량의 10~13%에 불과합니다.

그러나 시리얼 제조사는 이런 우려에 대해 큰 문제 없다는 입장입니다. '포스트' 시리얼을 판매하는 동서식품에 직접 물었습니다. 동서식품은 "아침 식사 권장 열량은 연구기관마다 다릅니다. 통상적인 시리얼 제품의 섭취 참고량은 30~40g이며, 우유와 함께 섭취 시 약 200kcal가 됩니다. 간편죽, 스프, 컵밥 등 다른 간편식도 칼로리가 150~300kcal 수준으로 크게 다르지 않습니다"라고 밝혔습니다. 제조사는 다른 간편식과 비교해 큰 문제는 없다는 입장이지만 학계와 식약처가 권장하는 한 끼 열량에는 미치지 못합니다.

'식품공전'에 따르면 시리얼류는 옥수수, 밀, 쌀 등의 곡류를 주원료로 하여 비타민류 및 무기질류 등 영양성분을 강화, 가공한 것으로 필요에 따라 채소, 과일, 견과류 등을 넣어 제조·가공한 것을 말합니다. 그리고 1회 섭취할 때에 비타민 A, 비타민 B1, 비타민 B2, 비타민 B6, 비타민 C, 나이아신, 엽산, 비타민 E를 영양성분 기준치의 25% 이상, 철, 및 아연을 영양성분 기준치의 10% 이상이 되도록 원료 식품을 조합하고 영양 성분을 첨가하도록 규정하고 있습니다.

이런 규정 때문에 시리얼류로 분류되면 1회 섭취 참고량이 30g으로 정해집니다. 제품에 표시되는 영양성분표도 이 기준에 따라 제시해야 합니다. '곡류가공품'으로 분류·표시된 제품은 제조사의 선택에 따라 100g당 영양성분을 표시할 수도 있고, 제품 총량을 기준으로 선택할 수도 있습니다. 제조사 임의로 1회 섭취 기준량을 정해 이에 대한 영양성분표를 정할 수도 있습니다. 보통 제품 하단 또는 측면의 원재료 표시 부분에서 확인할 수 있습니다.

식약처는 아침 식사로 시리얼을 선택할 때 참고할 만한 권고를 내놓고 있습니다. 이렇게 먹으면 영향 불균형에 대한 우려를 줄일 수 있습니다.

복합 당질 함량이 높은 시리얼을 선택: 당지수(GL)가 낮은 통 곡물 시리얼을 선택한다. 당지수가 낮은 통곡물은 뇌의 에너지원인 당을 지속적으로 천천히 공급하기 때문에 혈당을 급히 올리는 당지수가 높은 흰빵이나 포도당 음료를 먹은 학생보다 높은 집중력과 기억력을 보이고 제2형 당뇨병의 발생 빈도를 낮춘다는 연구 결과가 있다.

단백질 식품은 추가하여: 시리얼과 우유만 섭취하게 되면 하루 필요한 단백질의 섭취량이 부족할 수 있으므로 삶은 달걀이나 닭가슴살 샐러드 등으로 단백질을 보충해준다.

채소와 과일을 추가하여: 시리얼과 우유만을 섭취하면 채소와 과일 섭취가 부족할 수 있으므로 양상추 샐러드나 채소 주스, 생과일, 과일주스 등으로 비타민과 무기질 섭취가 부족해지지 않도록 한다.

우유는 저지방 우유로: 일반 우유에는 포화지방의 함량이 높아 지방섭취가 과다해질 수 있으므로 저지방 우유를 이용하는 것이 좋다.

비만예방을 위한 바른 식생활 가이드(171p), 식품의약품안전처, 2010.11

12. 먹어도 죽지 않아

키워드: 위해성과 위험성 언론

아홉 살 딸아이는 삶은 감자는 싫어하지만 감자볶음은 좋아합니다. 마트에서 감자를 사왔습니다. 포슬포슬한 햇감자를 기대하면서 물로 씻었습니다. 조그맣게 싹이 난 부분이 보였습니다. 필러를 이용해 껍질을 벗기고 칼로 싹이 난 부분을 도려내고 감자볶음을 만들어 딸아이와 같이 맛있게 먹었습니다. 밥을 다 먹고 핸드폰으로 뉴스를 보는데 뜨끔한 기사가 나왔습니다. 조금이라도 싹이 난 감자는 조리하지 말고 버려야 한다는 내용이었습니다. 섭취 불가의 독성 물질이라는 무시무시한 말도 적혀 있었습니다.

분명히 초등학교(당시엔 국민학교) 5학년 실과 시간에 감자에 싹이 난 부분은 도려내고 요리하라고 배웠는데 말이죠. 그동안 새로운 과학적 발견이 쌓여 감자 조리법도 바뀐 걸까요? 팩트체크 욕구가 꿈틀거립니다.

안전을 위해 과장했다?

건강 매체인 헬스조선은 2022년 3월 2일 〈감자, 싹만 도려내면 괜찮다?〉라는 제목의 기사를 보도했습니다. 해당 기사는 "감자에 조금이라도 녹색으로 변한 부위가 있거나 싹이 보인다면, 먹지 않아야 한다"라고 전합니다. "싹이 난 감자는 더는 식재료가 아니라 '솔라닌'이라는 독이 든 섭취 불가 독성 물질"이라는 표현도 보입니다.

최초 보도기사에는 별다른 근거가 제시되지 않았습니다. 다만 헬스조선 홈페이지에 노출되는 기사에는 참고 자료가 농촌진흥청 국립농업과학원의 '이달의 식재료'라는 표시가 돼 있었습니다. 그러나 하이퍼링크를 클릭하면 엉뚱한 양배추 이야기로 연결됐습니다. 뭔가 착오가 있나 싶어 농촌진흥청 이달의 식재료 홈페이지를 직접 검색했습니다. 6월의 식재료로 감자가 소개되고 있었습니다. '기타 정보' 항목에 감자의 독성에 관한 내용이 들어 있습니다. "감자에는 글리코알칼로이드라는 독성 화합물이 들어 있는데, 이 가운데 솔라닌과 차코닌이 주를 이룸. 감자의 싹이 돋는 부분은 솔라닌이 있으므로 싹이 나거나 빛이 푸르게 변한 감자는 많이 먹지 않도록 주의해야 하며, 감자에 싹이 올라 있으면 씨눈을 깊이 도려내고 사용해야 됨"이라고 강조합니다. 섭취 불가, 독성 물질 운운하며 '조금이라도 싹이 난 감자는 먹지 않아야 한다'고 보도한 헬스조선 기사와는 결이 많이 다릅니다.

우리나라 식품안전을 담당하는 식약처의 식품 정보 홈페이지를 검색해봤습니다. 2005년 작성된 "싹이 난 감자를 먹어도 되나요?"라는 게시물이 검색됩니다. 이 자료에는 "감자의 싹에는 솔라닌이라는 독소가 있어서 잘못 먹으면 식중독에 걸린다. 하지만, 감자의 싹을 도려내고 먹으면 안전하다. 다만, 싹을 도려낼 때 눈 부분이 남지 않도록 말끔히 도려내야만 한다"라고 나와 있습니다. 이어 "감자를 햇볕에 오래 노출시키거나 오래 보관하면 표면이 초록색으로 변하기도 하는데, 이러한 부분에도 솔라닌이라는 독성 물질이 생긴다. 흔히들 감자 싹은 주의하지만 초록색으로 변한 곳은 신경 쓰지 않는 경향이 있는데 이 역시 주의해야만 한다. 따라서, 감자 표면의 초록색 부분 역시 깨끗이 도려내고 먹어야 한다"라고 설명합니다.

우리나라 정부기관의 입장을 확인한 뒤 헬스조선 기자에게 이메일을 보내 해당 기사의 근거를 물었습니다. 헬스조선 기자는 기사 작성 배경에 대해 "보다 안전한 식재료 섭취를 위해 기사는 원칙을 고려, 먹으면 안 된다는 내용으로 작성했다"고 밝혔습니다.

그래서 먹어야 하나, 말아야 하나

과연 싹이 난 감자는 섭취가 불가한 독성 물질일까요? 무조건 버려야 하는 것일까요? 국내외 연구기관의 공식 자료를 찾아봤습니다. 국립식량과학원의 2016년 보도자료를 살펴봅니다. 〈감자, 어떻게 보관하면 오래 두고 맛있게 먹을까?〉라는 제목의 보도자료에서 "보관 중 감자가 햇빛에 많이 노출되면 녹색으로 변하는데, 이때 솔라닌이라는 독성 물질이 생겨 식중독을 일으킬 수 있다. 그러므로 감자 표면이 녹색으로 변했거나 씨눈이 생겼다면 반드시 도려내야 한다"고 밝혔습니다. 녹색으로 변한 부분과 씨눈이 생긴 부분은 도려내고 먹으라는 취지입니다.

저장 도중 햇빛과 무관하게 싹이 조금 움튼 정도일 때는 싹이 난 부분만 도려내고 먹으면 건강에 위해를 끼칠 가능성은 극히 적다는 게 과학원 관계자의 설명입니다. 흙을 씻어낸 감자 표면이 초록색이 아닌 고유의 갈색이고 껍질을 벗겼을 때 흰색 또는 노르스름한 감자 본연의 색깔을 띠고 있으면 싹 난 부분만 제거하고 먹으면 됩니다. 감자에 솔라닌 함유량이 많다면 아린 맛(또는 쓴맛)이 나므로 이때는 섭취하지 말아야 합니다.

글리코알칼로이드는 감자 등 식물에서 자연적으로 발생하는 성분으로, 솔라닌과 차코닌이 대표적인 물질입니다. 솔라닌은 감자의 녹색 부분 및 새싹, 손상된 부분과 껍질에 많이 함유돼 있습니다. 솔라닌 중독 증상으로는 설사, 구토, 복통, 현기증, 졸음, 두통, 발한, 언어장애 등이 보고돼 있습니다. 때문에 솔라닌이 많이 함유된 감자의 싹 부분과 녹색 부분을 제거하라고 권고하는 것이죠.

감자를 많이 먹는 나라는 어떻게 할까?

솔라닌에 관한 해외 보건 당국의 입장을 찾아봤습니다. 미국 국립보건원의 정보를 가져오는 인터넷 사이트 '메드라인플러스'는 감자의 새싹 또는 녹색 부분을 먹었을 경우 식중독이 발생한다고 하며 껍질을 벗겼을 때 녹색인 감자는 먹지 말고 싹은 항상 버리라고 강조합니다. 과육이 녹색이 아니고 새싹을 제거한 감자는 먹어도 안전하다고 밝히고 있습니다.

헬스조선 푸드 감자, 싹만 도려내면 괜찮다?

나중을 위해 남겨 둔 감자에 싹이 나 있는 걸 본 경험이 있을 것이다. 싹이 난 것만 빼면 멀쩡한 감자처럼 보일 때, 그 부위만 제거하고 먹으면 괜찮지 않을까 생각하기 쉽다. 그러나 감자는 싹이 났다면 미련없이 버려야 한다.

◇독 품은 싹 난 감자, 당장 버려야

싹이 난 감자는 더는 식재료가 아니라 '솔라닌'이라는 독이 든 섭취 불가 독성물질이다. 감자에는 글리코알칼로이드라는 독성 화합물이 들어 있는데, 이 독성 화합물의 주성분이 솔라닌이다. 감자가 녹색으로 변하며 생기는 솔라닌은 특히 싹에 많이 들어 있다. 솔라닌은 30mg만 먹어도 복통, 구토, 현기증, 호흡곤란 등의 식중독 증상을 일으킨다.

다른 식재료처럼 변색한 부위, 싹이 난 부위 등을 잘라내고 요리를 하면 안전할 것이라 생각할 수 있으나 그렇지 않다. 솔라닌은 열에 강해 고열로 조리해도 사라지지 않는다. 감자에 조금이라도 녹색으로 변한 부위가 있거나 싹이 보인다면, 먹지 않아야 한다.

BfR

Easy Language Sign Language

Enter a search term

THE INSTITUTE FOOD SAFETY PRODUCT SAFETY

Risk communication
Research
Science News
Press office
- The press office - contacts
- Press releases
- 2022
- 2021
- 2020
- 2019
- 2018
- 2017

Solanine in potatoes: Green and strongly germinating potato tubers should be sorted out

15/2018, 23.04.2018

BfR issues a reminder on the standard recommendations for the storage and preparation of potatoes

To keep intake of glycoalkaloids as low as possible, the BfR is issuing a reminder on the following standard recommendations relating to the storage and preparation of potatoes

- Potatoes should be stored at a cool, dark and dry place
- Old, dried up, green or strongly germinating potatoes, as well as potato peels as snacks consisting mainly of potato peelings, are not suitable for consumption
- Green parts and so-called "eyes" should be generously removed from potatoes
- If consumers want to eat the skin along with the potato, only undamaged, fresh potatoes are fundamentally suited for this purpose
- Potato dishes should not be eaten if they have a bitter taste
- Small children in particular should not eat unpeeled potatoes
- Consumers should not reuse the water in which potatoes have been boiled

헬스조선(왼쪽)은 '싹이 난 감자는 섭취 불가의 독성 물질'이라고 보도한 반면, 독일연방 위험평가연구소(오른쪽)는 "녹색 부분과 싹이 난 부분을 아낌없이 제거하라"고 권고한다

감자를 많이 먹는 독일도 비슷한 입장입니다. 독일연방 위험평가연구소는 감자에서 녹색 부분과 소위 눈을 아낌없이 제거해야 한다고 밝혔습니다. 연구소는 "오래되거나 말라버렸거나 초록색 또는 싹이 크게 돋아난 감자와 감자 껍질로 만든 스낵 등 껍질 부분은 섭취에 부적합하다"라고 강조했습니다. 또, 감자 요리에서 쓴 맛이 나면 먹지 말고, 어린이들은 껍질을 벗기지 않은 감자를 먹지 말아야 한다고도 했습니다.

영국도 마찬가지입니다. 영국 식품기준청은 “싹이 나기 시작한 감자는 먹을 수 있지만 싹은 도려내야 한다. 녹색 또는 썩은 부분은 조리하기 전에 제거해야 한다”라고 합니다. 감자를 많이 먹는 해외 각국에서도 ‘조금이라도 싹이 나면 버려야 한다’거나 ‘싹 난 감자는 섭취 불가의 독성 물질’이라거나 하는 무시무시한 권고는 찾아볼 수 없습니다.

잘 몰라서 그랬을까?

왜 헬스조선은 권위 있는 국내외 식품관련 행정·연구기관과 정반대의 내용을 보도했을까요? ‘위해성’과 ‘유해성’을 구분하지 못한 무지에서 비롯된 것으로 보입니다. 우리 인체에 해를 가할 수 있는 정도를 나타내는 위해성(risk)은 유해 물질이 가지고 있는 고유의 독성 수준인 유독성(hazard)과 노출 정도(exposure)에 비례합니다. 식으로 나타내면 ‘위해성 = 유독성×노출’이 됩니다. 다이옥신, 청산가리 등 맹독성 물질은 극소량만 섭취해도 치명적인 결과를 낳습니다. 그러나 유독성이 낮은 물질도 장기간 꾸준히 노출될 경우 만성중독을 일으킬 우려가 있습니다. 밀가루는 우리가 먹는 음식이지만 호흡기 보호구를 제대로 착용하지 않은 제빵공에게는 진폐증을 일으키는 유해 물질일 수 있습니다. 밀가루 자체는 독성이 극히 낮지만 장기간 반복적으로 노출되면 위해성이 높아지는 것이죠.

따라서 유해 물질의 인체 위해성을 줄이려면 물질의 독성 자체를 낮추거나 노출량을 줄이는 방법을 선택할 수 있습니다. 감자는 초록색 부분과 싹이 난 부분에 독성 물질인 솔라닌이 함유돼 있기 때문에 이 부분을 제거하면 노출량을 줄일 수 있습니다. 싹이 난 감자는 전부 버려야 한다는 접근 방식은 노출량을 0으로 만드는 이점은 있지만 감자를 먹지 못하게 된다는 크나큰 단점을 동반합니다. 탈이 나지는 않겠지만 배고픔도 면치 못하게 되는 셈이죠. 이런 이유 때문에 각국의 식품 규제기관은 식품에 함유된 자연 유래 독성 물질의 기준치를 세웁니다. 동물 실험을 통해 섭취량에 따른 영향 발생을 관찰하고 안전계수를 곱해 체중에 비례한 섭취 한도를 정합니다.

독일연방 위험평가연구소는 감자 싹과 초록색으로 변한 부분에 함유된 솔라닌 등 글리코알칼로이드의 잠정적 무관찰영향용량(NOAEL: No Observed Adverse Effect Level, 반응이 관찰되지 않고 영향이 없는 최대 노출량)을 하루 기준 체중(kg)당 0.5mg으로 정했습니다. 체중 60kg인 사람이 글리코알칼로이드를 하루 30mg 섭취하면 중독 증상이 시작될 수 있다는 뜻입니다.

우리나라 식약처에 따르면 솔라닌은 감자의 싹 난 부분에 100g당 80~100mg 정도 들어 있고, 녹색 부위에는 100g당 2~13mg 정도 함유돼 있습니다. 체중 60kg인 사람이 감자 싹으로만 30~37g을 섭취하거나, 녹색 부위만 따로 벗겨내 200g~1.5kg을 먹어야 인체에 솔라닌 중독 증상이 나타나기 시작한다는 뜻입니다. 싹 난 부분과 초록색으로 변한 부분을 제거하고 먹으면 건강에 위해를 끼칠 가능성은 거의 없습니다. 유구한 세월 동안 감자를 먹어온 독일에서 감자 솔라닌 중독으로 중상자가 발생한 사례가 없는 것도 싹 난 부분과 초록색 부분을 제거하고 먹기 때문입니다.

이런 이유로 "싹이 난 감자는 섭취 불가의 독성 물질"이라는 헬스조선의 보도는 '호들갑' 내지는 '공포팔이'에 해당하는 것으로 판정합니다. 싹 난 부분과 초록색 부분을 제거하면 먹어도 좋다는 게 공신력 있는 기관들의 입장입니다.

이제 이 글을 읽은 여러분은 집에서 보관하던 감자에 싹이 났다고 해서 무조건 버리지는 않을 것입니다. 다만 싹이 크게 나고 껍질을 벗겼을 때 짙은 초록색으로 변해 있다면 섭취하지 않을 것입니다. 위해성은 물질의 고유 독성과 인체 노출량에 비례해 커진다는 점도 알게 됐습니다. 유해성과 위해성의 차이도 알게 됐습니다.

식재료에 자연 상태로 함유된 독성 물질을 극소량 섭취한다고 해서 모두 해를 일으키는 것은 아니라는 뜻입니다.

13. 플라스틱 신드롬

키워드: 일반화의 오류

코로나19를 겪으면서 음식 배달이 엄청나게 늘었습니다. 배달 음식은 보통 플라스틱 그릇에 담겨옵니다. 국물이 얇은 비닐봉지에 두 겹으로 포장돼 배달되는 경우도 왕왕 있습니다. 배달 기사님들의 번개 같은 일처리와 배달통의 보온 능력 덕분에 우리는 따뜻한(종종 뜨거운) 상태로 음식을 받을 수 있습니다. 다만 먹고 난 뒤 쌓이는 플라스틱 그릇을 보면 포만감과 함께 쓰레기를 만들어냈다는 죄책감도 느낀다는 단점이 있습니다. '비헹분섞(비우고, 헹구고, 분리하고, 섞지 않는다)' 기준에 따라 분리배출을 하고 나면 또 다른 불안감이 밀려옵니다. 플라스틱에 뜨겁고 기름진 음식을 넣었는데 괜찮은 걸까? 환경호르몬 어쩌고저쩌고 하던데 과연 괜찮나? 이런 찜찜함이죠. 그래서 플라스틱 용기 또는 비닐봉지에 음식을 담거나 조리해도 되는지 안전성을 분석해봤습니다.

법이 제대로 작동하고 있는가

중앙일보는 2022년 5월20일 〈비닐 담긴 뜨거운 국물 먹었더니…소변서 나온 '놀라운 것'〉이라는 제목의 기사를 발행했습니다. 플라스틱 용기나 비닐봉지에 담았던 뜨거운 수프나 국물을 먹으면 플라스틱에 있던 프탈레이트 성분을 섭취하게 돼 소변에서 프탈레이트 대사 산물의 농도가 높아진다는 연구 결과를 풀어낸 기사입니다.

중앙일보가 보도한 내용은 중국 광시의과대학교 연구팀이 같은 달 18일 《환경과학기술(Environmental Science and Technology)》이라는 국제저널에 발표한 논문을 토대로 작성한 것입니다. 중국에서 진행된 연구지만 기사 본문에는 우리나라에서 사용되고 버려지는 플라스틱 포장 용기의 사진을 첨부해 일부 독자는 우리나라에서 벌어지고 있는 일이라고 오해했을 겁니다.

중국 연구 사례를 국내 현장 사진과 함께 보도한 중앙일보 기사(왼쪽)와
국내에서 식품용으로 허가받은 플라스틱 용기의 안전성을 강조하는 식약처의 카드뉴스(오른쪽)

기사를 접한 독자들은 포털 뉴스 댓글창에 부정적인 반응을 쏟아 냈습니다. "플라스틱 및 비닐에 뜨거운 음식 담아서 팔지 못하도록 법을 만들어야 된다", "중국, 동남아 국가뿐 아니라 우리나라도 뜨거운 배달 음식들 모두 비닐이나 플라스틱 용기에 담아서 판다"는 등 남의 나라 일로만 치부할 수 없다는 반응이 주를 이뤘습니다.

그래서 우리나라의 법을 찾아봤습니다. 식품위생법과 하위법령에 '식품용 기구 및 용기·포장의 기준 및 규격'을 정하고 있습니다. 이 기준에 맞지 않는 제품은 판매 또는 영업에 사용할 수 없습니다. 식품용 기구와 용기, 포장에 함유된 위해 우려 물질이 식품으로 옮겨가는 것을 막는 게 목적입니다.

이 규정에 따르면 '식품용'으로 표시된 플라스틱 용기에 음식을 담는 것만으로는 건강상 위해를 일으킬 가능성이 크지 않습니다. 식품용 용기에는 디에틸헥실프탈레이트(DEHP)를 사용할 수 없고, 기구 및 용기·포장에서 용출돼 식품으로 이행될 수 있는 프탈레이트, 비스페놀 A 등 물질은 리터당 30mg 이하로 규제되고 있으니까요.

DEHP는 PVC를 유연하게 만들려고 첨가하는 가소제입니다. DHEP 등 프탈레이트류는 급성 독성은 낮으나 지방 대사의 변화, 고환 위축, 생체 이물 대사장애 등을 일으키는 것으로 알려져 있습니다. DEHP는 쥐 실험을 통한 결과 정소 위축과 정자 수 감소를 유발하고 남성호르몬인 테스토스테론의 감소를 유도한 것으로 보고됐습니다.

현재 우리나라에서 사용되는 식품용 그릇은 폴리에틸렌(PE), 폴리프로필렌(PP)과 페트병의 원료인 폴리에틸렌 테레프탈레이트(PET), 스티로폼이라고 불리는 폴리스타이렌(PS) 재질이 주를 이루고 있습니다. DEHP 등 프탈레이트류가 함유된 PVC는 일부 랩 제품을 제외하고는 식품용으로 잘 쓰이지 않습니다.

전자레인지 들어가는 플라스틱들

식약처에 플라스틱 그릇에 음식을 담아도 되는지 물어봤습니다. 식약처 관계자는 식품용으로 제조된 제품은 안전성을 우려할 필요가 없다고 밝혔습니다. 프탈레이트류나 비스페놀 A 등에 대해 기준·규격을 설정해 관리하고 있다는 이유입니다. 최근 식품용 기구·용기·포장의 프탈레이트류나 비스페놀 A에 대한 이행량(용기에서 식품으로 화학물질이 우러나는 양)을 조사했는데 모두 기준·규격에 적합해 안전성 우려는 없는 것으로 확인됐다고 하네요.

이만하면 '식품용'으로 표시된 플라스틱 그릇에 음식을 담는 것은 안전하다고 믿을 수 있겠습니다. 그만한 근거가 있으니까요. 그렇다면 플라스틱 그릇에 음식을 넣어 전자레인지에 돌려도 될까요?

식약처 고시 '식품 등의 표시기준'은 "전자레인지에 사용하는 합성수지제 기구 또는 용기·포장은 전자레인지용으로 구분 표시하여야 한다"라고 규정합니다. 전자레인지에 돌리는 용도로 설계된 그릇은 '전자레인지용'이라고 표시해야 한다는 뜻이죠. 바꿔 말하면

'전자레인지용' 표시가 없는 플라스틱 그릇은 전자레인지에 넣지 않는 것이 좋다는 이야기가 됩니다.

식약처에 따르면 '전자레인지용'으로 표시된 용기 재질은 내분비계 장애 추정 물질(환경호르몬)인 프탈레이트류나 비스페놀 A를 사용하지 않습니다. 앞서 살핀 것처럼 프탈레이트류는 PVC를 가공하는데 쓰이고, 비스페놀 A는 폴리카보네이트(PC)의 원료물질로 사용됩니다. 전자레인지용으로 표시되는 그릇의 재질은 PP, HDPE, C-PET, 내열 PS 등입니다. 이런 재질은 전자레인지에 넣고 가열해도 크게 문제를 일으키지 않습니다. 그러나 일반 PS와 PET는 열에 취약하기 때문에 전자레인지에 넣고 돌리면 구멍이 뚫리거나 변형이 일어나기 쉽습니다.

멜라민수지로 만든 플라스틱 그릇은 전자레인지에 돌리면 안 됩니다. 멜라민수지는 멜라민과 포름알데히드를 결합해 만든 플라스틱의 한 종류인데, 매끈하고 단단한 표면의 질감과 촉감이 도자기와 비슷한 특징이 있습니다. 고온에 직접 또는 반복적으로 노출되면 균열이 생겨 멜라민과 포름알데히드가 용출될 수 있으므로 주의해야 합니다. 이 때문에 멜라민수지 주방용품은 솔 또는 연마분을 사용하지 말고 부드러운 스펀지로 세척하는 것이 좋다고 합니다. 변색됐거나 균열, 파손이 있다면 새 제품으로 교체하는 것이 좋습니다.

전자레인지 전용 용기가 아닌 것들

TV 생활정보 프로그램에 우유팩에 계란찜을 해 먹는 내용이 소개된 이후 블로그 등에서 살림 상식으로 관련 내용이 소개되고 있습니다. 전자레인지를 이용한 우유팩 계란찜은 안전할까요?

우유팩은 안팎을 저밀도폴리에틸렌(LDPE)으로 코팅한 종이팩입니다. LDPE는 비닐봉지를 만드는 소재입니다. 말랑말랑한 성질이 있어 가공하기 좋기 때문에 별도로 프탈레이트계 가소제를 사용하지 않아도 된다고 합니다. 환경호르몬에 대한 우려는 크지 않은 셈이죠. 식약처에 따르면 폴리에틸렌이 녹는 온도는 105~110도로 끓는 물에는 거의 녹지 않습니다. 또 적은 양이 녹는다 하더라도 폴리에틸렌은 분자량이 매우 크기 때문에 체내에 흡수될 수 없어 건강상 위해는 없는 것으로 보고되고 있다고 합니다.

하지만 "기름기가 많은 음식을 일회용 종이컵에 담아 전자레인지에서 조리하면 폴리에틸렌이 녹는 온도인 105 ~ 110℃를 초과하여, 폴리에틸렌이 녹거나 종이로부터 벗겨질 수 있다"라고 하니 그 점은 주의해야겠습니다.

이근택 강릉원주대학교 식품가공유통학과 교수 연구팀은 2016년 《한국식품저장유통학회지》 제23권 제3호를 통해 〈전자레인지의 가열 조리 시 포장재의 열변형 원인 규명을 위한 온도 측정 방법 비교〉라는 논문을 발표했습니다. 이 논문에 따르면 포장 음식을 전자레인지로 가열할 때 측정 방법에 따라 최고 200도 이상 올라갑니다. 이런 부분을 핫스팟이라고 부릅니다.

따라서 전자레인지로 우유팩에 계란찜을 만들면 부분 고온 현상이 발생해 우유팩 내부의 폴리에틸렌 코팅을 녹일 가능성이 있습니다. 환경호르몬에 의한 위해는 적을 수 있지만 녹아내린 플라스틱이 섞인 계란찜을 먹을 수 있다는 뜻이지요. 전자레인지로 조리할 때는 가급적 '전자레인지용'으로 표시된 용기를 사용하는 것이 현명합니다. 굳이 녹은 플라스틱을 먹을 이유는 없으니까요.

이처럼 플라스틱에는 많은 하위 분류가 있습니다. 분류에 따른 특징도 제각각입니다. 우리나라는 음식을 담아도 안전한 재질의 플라스틱에 한해 '식품용'으로 사용할 수 있도록 규제하고 있습니다. 그 분류를 무시하고 하나로 일반화해 '플라스틱 용기는 건강에 해롭다'고 한다면, 그것도 일종의 비과학일 겁니다. 제품의 용도를 확인하고 그에 맞게 사용하는 게 중요합니다.

14. 정말 대중교통에서는 감염이 일어나지 않았나

키워드: 잘못된 실험 설계

코로나19와 함께한 시간이 길다 보니 시민들은 준전문가 수준으로 코로나바이러스에 대한 지식을 쌓았습니다. 코로나바이러스가 가장 쉽게 전파되는 곳이 3밀(밀접, 밀집, 밀폐)이 일어나는 실내 공간이라는 점도 명확해졌습니다. 목욕탕, 음식점, 술집 등 3밀이 일어나는 곳에선 어김없이 집단감염이 터졌습니다.

그런데 왜 대중교통에선 탑승객의 집단감염이 보고되지 않았을까요?

시민들의 협조 덕분?

방역 당국은 일찌감치 대중교통 이용 시 마스크 착용 의무화 정책을 시행했습니다. 버스에서 마스크를 착용하지 않은 승객은 운전기사가 승차를 거부할 수 있도록 규정했습니다. 지하철에서는 지하철 보안관 또는 역무원에게 마스크 미착용자를 단속하도록 하고, 적발 시 과태료 10만 원을 부과하도록 했습니다. 정부는 2020년 5월부터 대중교통 내 마스크 착용을 의무화했는데요. 초기에는 잘 지켜지지 않았습니다. 지하철에서 마스크 미착용에 대한 신고가 첫 두 달 동안 모두 1만 6631건이 접수됐습니다. 마스크 착용을 요청하는 역 직원에게 폭언이나 폭행을 한 경우도 5건 발생했습니다. 버스에서는 마스크 착용 의무화 시행 이후 하루에 3.2건꼴로 운전기사에게 폭언을 하거나 승객끼리 다투는 일이 있었습니다.

서울시는 지하철 내 마스크 미착용 승객을 직접 신고할 수 있도록 '시민 신고제'를 도입했습니다. 스마트폰 앱 또는 서울지하철 콜센터를 통해 신고하면, 접수 즉시 지하철 보안관이 열차에 탑승해 마스크 착용을 요구하는 등 즉각 조치하는 내용입니다. 그러나 신고가 폭증해 모든 신고에 대해 지하철 보안관이 대응하지는 못했고 열차 내 안내 방송을 내보내는 선에 그쳤습니다. 하지만 차차 대중교통 이용 시 마스크를 착용해야 한다는 인식이 매우 높아졌고, 극소수의 일탈 사례를 제외하면 대중교통 이용객 모두 마스크를 착용한다고 해도 지나치지 않을 정도로 시민들이 방역 정책에 협조했습니다.

차량 내부 소독 덕분?

2023년 1월까지 지하철역 근무자, 지하철 역사 관련 공사 인부

등이 지하철 역 구내에서 감염된 사례는 보고됐지만, 승객 사이에서 코로나19 집단감염이 일어난 사례는 확인되지 않았습니다. 일각에선 모든 승객이 마스크를 착용하고 대화를 하지 않는 등 대중교통 이용 환경이 비말 발생을 줄이고 감염 확률을 낮췄다고 분석했습니다. 주기적으로 차량 내부를 소독하는 것도 감염 예방에 도움을 주고 있다는 평가도 나왔습니다.

I·SEOUL·U　　보도자료

서울시, 950건 대중교통 코로나19 검체 검사··모두 '바이러스 불검출'

- 확진자 동선에 포함된 지하철, 버스, 택시 등에서 방역 후 500건 검사
- 대중교통으로 출퇴근하는 시민 안전 위해 소독 전에도 5개 시설 450건 검사
- 선제검사 결과 확진된 운전자가 운행한 버스 손잡이, 의자 등에서도 바이러스 불검출
- 2월, 확진자 방문과 관계없이 서울시 관내 지하철 객차 환경 검체 시행 예정

□ 서울시보건환경연구원은 투명하고 구체적인 정보제공을 위한 '클린존' 추진 계획에 따라 지난해 2월 12일부터 올해 1월 18일까지 무증상 혹은 증상 발현 전 확진자가 방문한 다중이용시설 환경에 대해서 코로나19 바이러스 검사를 11차에 걸쳐 진행했다.

□ 특히 매일 대중교통을 이용하여 출퇴근하는 시민의 불안감을 해소하고자 지하철, 버스, 택시 등을 대상으로 지난해 2월부터 현재까지 총 950건의 환

서울시 보도자료. (2021.1.25)

서울시보건환경연구원은 2021년 1월 25일 〈서울시, 950건 대중교통 코로나19 검체 검사… 모두 바이러스 불검출〉이라는 보도자료를 냈습니다. 제목대로 지하철, 버스 등 대중교통에서 시료를 채취해 검사해봤더니 바이러스가 나오지 않았다는 내용입니다. 이 보

도자료를 인용해 다수의 언론사가 기사를 내보냈습니다. 대부분 〈대중교통에서 코로나바이러스 검출 사례 없어〉와 같은 제목을 달았습니다. KBS는 〈대중교통에서 감염 안 될까? …검사해보니 코로나바이러스 불검출〉이란 제목을 달아 눈길을 끌었습니다. KBS는 9시 뉴스 보도에서 앵커가 "대중교통을 이용할 때 코로나19에 감염되지 않을까 걱정 많이 하시죠? 서울시가 지난 1년간 확진자가 이용한 대중교통을 확인한 결과 코로나19 바이러스가 검출되지 않았다고 밝혔습니다"라고 멘트했습니다.

서울시보건환경연구원에 따르면 국내 코로나19 발병 이후 모두 950건의 대중교통 환경 시료를 채취해 코로나19 바이러스 검출 여부를 검사했는데 모두 음성으로 확인됐다고 합니다. 이 가운데 500건은 확진자가 방문하거나 이용한 대중교통 25곳을 대상으로 소독·방역 조치 후에 환경 검체를 검사했다고 밝혔습니다. 한마디로 요약하면 "대중교통은 코로나19로부터 안전하니 안심하고 타도 좋습니다" 정도가 됩니다. 그런데 확진자가 다녀간 뒤 소독하고 검체를 채취했다면 바이러스가 안 나오는 게 당연합니다. 이 연구에선 대중교통 소독이 제대로 수행됐는지 따지는 의미 외에 다른 의미는 찾을 수 없습니다.

왜 소독 후에 검체를 채취했을까요? 연구원은 "서울시보건환경연구원은 확진자가 방문하거나 이용한 대중교통 25곳을 대상으로 소독·방역 조치 후에 최종적으로 안전성을 확인하기 위해 환경 검체를 검사했다"고 밝혔습니다. 이게 무슨 소리일까요? 소독 이후에 코로나19 바이러스가 남아 있는지 확인하겠다는 뜻입니다. 신용승 서울시보건환경연구원장은 "확진자 동선에 포함된 지하철, 버스, 택시 차량 내부, 지하철 승강장, 대합실 등은 소독 후 환경에 대한 검사를 실시하였고, 시민들이 자주 이용하는 차량은 소독 전에 검사를 실시하여 모두 바이러스 불검출을 확인하였기 때문에 과도한 불안감을 가질 필요는 없다"라고 말했습니다.

그런데 제대로 된 원인 분석일까?

상식적으로 이해가 가지 않는 부분이 있습니다. 지하철과 버스는 운행이 종료되고 차고지에 들어가서 소독합니다. 소독을 마치고 환기를 한 뒤(소독약은 인체에 해로워 꼭 환기해야 합니다) 다시 운행에 나서는 거죠. 승객 중 감염자가 있다면 타고 내리면서 비말을 퍼뜨리거나 손잡이 등에 바이러스를 묻힐 가능성이 큽니다. 운 없는 다른 승객이 감염자가 내뿜은 비말을 들이마시거나 감염자가 바이러스를 묻혀놓은 손잡이를 만진 손으로 눈, 코 등 자신의 점막을 비비면 감염 가능성이 있습니다. 운행을 마친 뒤 소독하고 나서 차내에 코로나19 바이러스가 하나도 검출되지 않았다고 해서 승객이 감염되지 않는다는 보장은 없는 것이죠.

대중교통의 운영 주체가 꾸준히 소독하는 방침 자체는 칭찬받아 마땅합니다. 운행 후 버스와 지하철 차량 내를 소독하는 것은 분명히 접촉 전파로 바이러스가 확산될 가능성을 어느 정도 낮출 겁니다. 그렇지만 소독한 다음에 바이러스가 검출되지 않았다는 것은 당연합니다. 자랑거리가 될 수 없습니다. 이런 점에서 서울시보건환경연구원의 실험 설계는 잘못됐다고 할 수 있습니다.

대중교통의 감염 위험에 대한 방역 당국의 입장은 "위험성은 인정하지만, 역학조사는 사실상 어렵다" 정도로 요약됩니다. 3T(진단, 추적, 치료) 정책을 가동하던 시기에도 역학조사 인력이 모자라 지하철 이용 도중의 접촉 사례는 파악하지 않았습니다. 능력 밖의 일이기 때문입니다. 결국 대중교통에서의 집단감염은 '발생 사례가 없다'기보다는 '발생 사례를 찾지 않았다'로 보는 게 정확합니다.

찾지 못한 것 아닐까?

지하철, 버스 등 대중교통은 밀폐까지는 아니더라도 밀집과 밀접이 상시적으로 일어나는 곳입니다. 그렇기 때문에 대중교통 이용 시 감염 위험은 낮다고 볼 수 없습니다.

신용승 서울시보건환경연구원장은 "많은 사람이 대중교통을 이용함에도 이로 인한 감염이 발생하지 않았던 가장 큰 요인은 마스크 착용과 손 씻기, 대화 및 통화 자제 등 시민의 적극적인 노력 덕분"이라고 말했습니다. 반은 맞고 반은 틀렸습니다. 시민들이 적극적으로 정부의 방역 대책에 협조한 것은 사실입니다. 그렇지만 많은 사람이 대중교통을 이용함에도 감염이 발생하지 않았다는 말은 사실이라고 볼 수 없습니다. 앞서 살핀 것처럼 수많은 '감염 경로 미상'인 발병 사례가 속출했고, 대중교통 이용은 역학조사 대상이 아니라서 대중교통 이용객 간 감염 전파가 있었는지 확인할 수 없기 때문입니다. 다시 말하자면 대중교통에서 코로나19 감염 사례가 발생하지 않은 것이 아니라 찾을 엄두를 내지도 못했기 때문에 찾지 못한 것일 뿐입니다. 서울시보건환경연구원의 지하철 바이러스 검사도 연구원장의 발언도 인과관계를 고려하지 않은 오류를 범하고 말았습니다.

각자도생의 룰이 지배하는 공간, 그곳이 바로 대중교통입니다. 하지만 아이러니하게도 스스로 감염 위험을 낮추는 노력을 하면 전반적으로 감염 위험이 낮아집니다. 실내 마스크 의무화 조치가 해제된 이후에도 상당 기간은 대중교통에선 마스크를 착용해야 할 것으로 보입니다. 마스크를 얼굴면에 밀착해 착용하는 빈틈없는 방역 조치가 결국 나와 옆 사람의 건강을 지키고 공동체를 지키는 방법입니다.

★ 3부 ★

알아두면 돈이 되는 비과학 팩트체크

15. 왜곡된 통계는 과학과 양립할 수 없다

키워드: 통계 왜곡

평소 취재에 도움을 많이 주던 보건 관련 학과 교수 한 분이 메시지를 보내왔습니다. 최근 이상한 내용이 담긴 루머가 확산되고 있는데 팩트체크 좀 해줄 수 있겠느냐는 부탁이었습니다. 제보는 언제나 환영합니다! 게다가 조금이나마 은혜를 갚을 수 있겠다 싶어 기꺼운 마음으로 살펴봤습니다. 백신 관련한 허위 정보가 떠돌아다니는데 국회의원이 낸 자료를 인용하고 있다는 내용이었습니다. 거론되는 인물은 이미 팩트체크 분야에서 악명이 높은 사람이었습니다. 바로 최춘식 의원입니다.

안티백서는 다른 나라 이야기인 줄로만 알았습니다. 그런데 코로나 대유행을 통해 우리나라에도 안티백서가 존재감을 드러냈습니다. 이들은 온갖 루머를 끌어다 대며 세계 보건기구와 각국의 방역 당국이 심혈을 기울인 백신 접종 캠페인을 방해했습니다.

대한민국 국회에는 최 의원이 있었습니다. 온갖 비과학적인 주장과 통계 왜곡을 일삼으며 백신 접종을 방해했습니다. 최 의원은 2021년 8월까지만 해도 정부가 백신 도입을 앞당겨야 한다고 주장하던 인물입니다. 그러나 그는 백신패스 반대 움직임이 거세지던 2021년 12월부터 코로나19 백신 접종 반대로 입장을 선회했습니다.

처음엔 질병관리청, 소방청, 복지부, 교육부 등을 상대로 자녀의 백신 접종 자료를 공개하라고 요구했다가 거부당했습니다. 각 부처가 그런 자료를 관리하지 않는다는 내용으로 최 의원의 질의에 회신한 겁니다. 이후 최 의원의 기행에 가까운 보도자료 공세가 시작됐습니다.

〈백신 미접종자보다 백신 접종자 사망자가 과반 이상〉, 〈코로나는 200% 감기바이러스〉, 〈무증상자가 타인 감염 어려워〉, 〈백신 접종 후 119 신고 과거 5년 평균치보다 15만 건 늘었다〉 등 다수의 보도자료를 통해 백신 무용론을 주장했습니다. 함께 하나씩 짚어보겠습니다.

백신 접종자 사망자가 과반 이상

최 의원은 2021년 12월 보도자료를 통해 코로나19로 인한 사망자 중 백신을 접종한 그룹의 사망자 수가 과반을 넘겼다고 주장했습니다. "코로나 백신이 감염과 그 피해를 막는 데 효과가 없다는 게 여실히 드러났고, 백신 만능주의를 근거로 청소년과 소상공인을 옥죄이는 비합리적인 백신패스는 즉각 철회돼야 한다"라고 주장했습니다.

최 의원이 제시한 근거 자료는 2021년 10월 둘째 주부터 12월 첫째 주까지의 주차별 만 12세 이상 코로나19 확진자의 예방접종 현황입니다. 최 의원은 이 기간 코로나19 사망자 1092명 중 백신 미접종군은 543명(49.7%)인 반면 1차 접종 완료군은 62명(5.7%), 2차 접종 완료군 486명(44.5%), 3차 접종 완료군 1명(0.1%)으로 집계됐다고 분석했습니다. 코로나19 사망자 가운데 절반 이상이 백신 접종자 가운데서 나왔으니 백신 접종은 무용지물이라는 주장입니다.

당시 국내 코로나19 백신 접종 완료율은 81.7%를 기록하고 있었습니다. 백신 접종 완료자가 월등히 많기 때문에 미접종군에 비해 사망자 수가 많을 수 있습니다. 그러나 백신의 예방 효과를 보려면 사망자 중 접종자 비율을 따지면 안 됩니다. 접종자군 또는 미접종자군 내에서 코로나19 감염이나 위중증, 사망이 얼마나 발생했는지를 살피고 이를 비교하는 방식을 사용해야 합니다. 질병관리청이 코로나19 예방 효과를 입증하는 용도로 제시하는 지표는 백신 미접종군과 2차 접종 완료군의 10만 인-일(person-day, 각 개인의 추적관찰 기간을 합해 일수로 표시한 단위)당 신규 확진자 수입니다.

질병관리청에 따르면 2021년 11월 4주차를 기준으로 12세 이상 백신 미접종군의 코로나19 감염 발생률은 12.82%로, 2차 접종 완료군(5.44%)에 비해 2.4배 높게 나타났습니다. 위중증률의 경우 미접종군(0.34%)이 2차 접종 완료군(0.03%)보다 11배 높았고, 사망 발생률은 미접종군(0.09%)이 2차 접종 완료군(0.01%)에 비해 9배 높았습니다.

연령대별로 놓고 봤을 때 60~74세의 경우 백신 미접종군의 코로나19 감염 발생률은 18.22로 2차 접종 완료군(9.57%)보다 1.9배 높았습니다. 위중증과 사망 발생 위험은 미접종군이 2차 접종 완료군에 비해 각각 16배, 21배 높았죠. 75세 이상의 경우에도 미접종군이 코로나19에 감염될 위험은 2차 접종 완료군에 비해 1.6배 높았고, 위중증과 사망 발생 위험 역시 6배와 8배 높게 나타났습니다.

확진자 중 백신을 접종하지 않은 사람의 중증화율(확진 후 28일 이내에 위중증이 되거나 사망한 비율)은 3.98%였으나 2차 접종 완료군의 중증화율은 0.79%에 그쳤고, 3차 접종까지 완료한 경우에는 0.34%로 떨어졌습니다. 3차 접종 완료군의 경우 코로나19 확진 후 사망을 포함한 중증으로 진행될 위험이 미접종군 대비 91.5%, 2차 접종 완료군 대비 57.0% 낮게 나타난 것입니다. 단순히 코로나바이러스 사망자 가운데 접종자가 더 많다는 수치만으로 백신 무용론을 주장할 수는 없습니다.

코로나19는 200% 감기바이러스

최 의원은 2022년 1월 3일자 보도자료를 통해 "코로나19의 근본적인 실체는 '감기바이러스'"라고 주장했습니다. 여기서 더 나가 "코로나19 바이러스 명칭을 '코로나 감기바이러스'로 바꾸고 문재인정권의 비과학적, 비논리적, 비합리적, 비상식적인 방역패스, 거리 두기 등을 즉각 철폐해야 한다"고 밝혔습니다.

진짜로 그런지 살펴볼까요?

질병관리청은 사람에게 감염되는 코로나 바이러스는 현재까지 6종류가 알려져 있다고 소개하고 감기를 일으키는 유형과 중증 폐렴을 일으킬 수 있는 유형으로 구분했습니다. 미국 질병통제예방센터는 코로나19를 유발하는 SARS-CoV-2 바이러스는 코로나바이러스 계열에 속하는데, 코로나바이러스에는 두부 또는 흉부 감기에서 중증급성호흡기증후군(사스), 중동호흡기증후군(메르스) 등 희귀하지만 심각한 질병에 이르기까지, 다양한 질병을 유발하는 다양한 종류가 있다고 밝힙니다. 코로나 바이러스라고 해서 모두 감기 바이러스는 아니라는 뜻이죠. 코로나19 바이러스의 정식 명칭은 'SARS-CoV-2' 입니다. SARS는 'Severe Acute Respiratory Syndrome'를 줄인 말입니다. 우리말로 풀면 중증급성호흡기증후군입니다. 정식 명칭 자체에 '중증'이 포함돼 있을 만큼 심각한 바이러스입니다. 코로나19의 실체를 감기라고 하는 최 의원의 주장은 사실과 다릅니다.

최 의원은 "코로나19 바이러스는 인간에게 그동안 없었던 변종 코로나바이러스였기 때문에 노령층을 중심으로 초기 치명률이 다소 높았지만 코로나19 바이러스도 인간을 숙주로 적응 및 전파 감염되면서 현재는 일반 감기바이러스와 같은 수준으로 위험도가 줄어들었다"라고 합니다. 그러나 이는 사실을 매우 왜곡하는 주장입니다.

국내 발병 이후 2023년 1월 25일까지 우리나라 코로나19 확진자는 3004만 556명을 기록했습니다. 사망은 3만 3270명으로 치명률(사망자÷확진자)은 0.11%를 기록했죠. 코로나19 확진자/사망자 통계는 질병관리청 홈페이지를 통해 공개되고 매일 업데이트 됩니다. 계절독감의 치명률은 0.05~0.1% 정도로 추정됩니다. 계절독감에 대해선 엄밀한 국가 통계가 작성되지 않기 때문에 추정치만 존재할 뿐입니다.

방역 당국에 따르면 1년에 대략 2000~4000명 정도가 계절독감으로 사망하는 것으로 추정됩니다. 단순히 연간 사망자로만 따져봐도 코로나19 국내 발병 이후 3만 명 이상의 사망자가 발생했으니 연간 1만 명 이상이 숨진 겁니다. 계절독감이나 감기와 같다고 볼 이유가 전혀 없습니다.

2023년 1월 25일 기준 80대 이상의 코로나19 치명률은 1.96%를 나타냈습니다. 70대는 0.45%, 60대는 0.12%를 기록했습니다. 앞서 살폈던 것처럼 독감의 치명률은 0.05~0.1%입니다. 80대 이상 연령층에선 코로나19에 걸린 100명 중 2명 가까이 사망한 셈입니다.

방역 당국은 고령층의 추가 접종과 불필요한 외출 자제 등을 최우선적으로 권고했습니다. 최 의원은 1956년생으로 2023년 현재만 67세입니다. 최 의원이 보도자료를 배포할 당시 60대의 코로나19 치명률은 0.98%를 나타내고 있었습니다. 독감(0.05~0.1%)보다 4.9~9.8배 높은 수치입니다. 적어도 최 의원의 연령대만큼은 '코로나19는 감기'라고 치부할 수 없을 만큼 치명률이 높았다는 말이죠.

무증상자 타인 감염 어려워

2022년 1월 7일 최 의원은 보도자료를 통해 무증상자가 타인에게 바이러스를 전파하는 것은 일어나기 어려운 일이라고 주장했습니다. 최 의원의 주장을 정리하면 이렇습니다. 코로나바이러스는 비말 등으로 전파되는데 무증상자는 기침 등 증상이 없어 전파할 수 없다는 것입니다. 그래서 백신이 소용이 없다는 이상한 결론으로 넘어갑니다.

너무나 허술해 고개가 갸웃거려지는 주장입니다. 우리나라 질병관리청과 세계보건기구, 미국 질병통제예방센터 등 국내외 방역 당국은 코로나19 무증상 감염자의 바이러스 전파 가능성을 인정하고 있습니다. 먼저 세계보건기구부터 살펴보겠습니다. 세계보건기구는 홈페이지 질의응답 코너를 통해 감염자는 증상 여부와 상관없이 바이러스를 퍼뜨릴 수 있다고 밝힙니다.

질병통제예방센터도 무증상 감염자가 바이러스를 퍼뜨릴 수 있다고 경고합니다. 질병통제예방센터는 홈페이지에서 코로나19 전파의 50% 이상이 무증상 감염자에 의한 것으로 추정한다고 밝혔습니다. 국내에서는 코로나19 발병 초기 무증상 감염자의 전파 가능성을 두고 의견이 분분했지만 2020년 3월 17일 방역 당국이 공식적으로 이를 인정했습니다. 이날 질병관리청은 "발병 초기 증상이 경미한 경우 본인이 코로나19 감염을 의심하지 못하는 상황에서 감염 전파 우려가 있으므로 최근 2주 내 유럽·미국·아시아 등을 방문한 경우 외부 활동을 자제하고 사회적 거리 두기를 실시해달라"라고 요청했습니다.

또 기침을 하지 않더라도 비말, 즉 침방울은 튀어나갈 수 있습니다. 큰 소리로 고함을 지르거나, 일상적인 대화를 할 때, 노래를 부를 때도 침방울은 튀어나갑니다. 기침 등 증상에 의해서만 바이러스가 담긴 비말이 튀어나가는 건 아니라는 뜻이죠.

카페 등 밀집된 공간에서 확진자가 기침을 하지 않고 감염을 전파시킨 사례가 보고돼 있습니다. 에어컨이나 난방기의 공기 순환 과정에서 작은 비말이 에어로졸 형태로 변해 멀리 떨어진 사람을 감염시키는 것이죠. 이 때문에 방역 당국은 카페, 음식점 등에서 음식을 입에 넣는 순간 이외에는 마스크를 착용하라고 강조했던 겁니다. 밀폐, 밀집, 밀접이 일어나는 공간에서 무증상 감염자가 일상적 대화를 통해서도 비말을 뿜어내고 감염 위험이 높아지기 때문입니다. 이런 여러 근거가 최 의원의 발언은 사실이 아니라는 걸 알려줍니다.

최춘식 "백신접종 후 119신고 과거 5년 평균치보다 15만건 늘었다"

국회 국민의힘 최춘식 의원(경기 포천시 · 가평군, 행정안전위원회)은 국내 코로나19 백신을 첫 접종한 지난해의 119구급대 신고건수가 과거 5년 평균치보다 15만건이나 늘었다고 밝혔다.

국회 행정안전위원회 소속 최춘식 의원이 소방청의 자료를 분석한 결과, 지난해 119구급대 신고건수는 241만 854건으로 과거 5년(2016~2020년)간 평균 신고건수인 225만 9024건 보다 총 15만 1830건이 증가했다.

특히 월별로 보면 지난해 1월(16만 6736건)은 과거 5년 평균 신고건수(18만 380건)보다 적었지만, 지난해 2월 26일 백신이 국내에서 첫 접종되면서부터 지속적으로 119구급대 신고건수가 늘어난 것으로 확인됐다.

최춘식 의원은 "이론적으로 생각하면 백신을 접종할수록 119신고건수가 감소해야 하는데 접종률이 높아지면서 오히려 119신고건수도 늘어나는 경향이 나타났다" 며 "백신이 코로나 감염예방에 효과가 없다는 것과 부작용 발생 빈도가 높다는 것을 동시에 방증하는 것으로 볼 수도 있다" 고 지적했다.

최춘식 국회의원 보도자료. (2022.1.19)

백신 접종 후 119 신고 과거 5년 평균치보다 15만 건 늘었다

최 의원은 소방청 자료를 분석한 결과, 2021년 119구급대 신고 건수(241만 854건)가 과거 5년(2016~2020년) 평균 신고 건수(225만 9024건)보다 15만 1830건이 늘었다고 주장했습니다. 이어 "지난해 2월 26일 백신이 국내에서 첫 접종되면서부터 지속적으로 119구급대 신고 건수가 늘어난 것으로 확인됐다"라고 밝혔습니다.

이때 대다수 언론은 별다른 분석이나 검증 없이 의원실 보도자료를 받아쓰기에 급급했습니다. 119 신고는 화재, 구조, 구급, 생활안전 등의 분류로 나뉩니다. 최 의원은 '구급'으로 분류된 신고 건수를 집계한 것으로 보입니다. 이에 맞춰 분석을 진행했습니다.

최 의원은 백신을 접종할수록 119 신고 건수가 감소해야 하는데 접종률이 높아지면서 오히려 119 신고 건수도 늘어나는 경향이 나타났다고 밝혔습니다. 119 신고 체계에 대한 이해가 전혀 없는 듯한 발언입니다.

백신 접종자가 많아질수록 119 신고 건수가 감소해야 한다는 최 의원의 주장은 사실과 다릅니다. 백신 접종자가 많아지면 코로나19 확진자와 위중증 환자 수가 줄어들 수 있습니다. 그러나 백신 접종자 수가 늘어나면 119 신고 건수가 감소한다는 논리로 이어지지는 않습니다. 왜냐면 119 구급 신고는 코로나19 감염자 이외에도 환자 이송이 필요한 모든 사안이 대상이기 때문입니다. 모든 질병의 발병률, 사고 발생률이 해당 기간 동안 변하지 않고 코로나19 백신 접종만 이뤄졌다면 최 의원의 주장이 성립될 수 있을지도 모르지만 현실은 그렇게 단순하지 않습니다.

최 의원이 백신 접종과 119 구급 신고 증감의 인과관계를 주장하려면 전체 119 신고를 원인별로 분석해서 통계를 제시해야 했습니다.

이와 관련한 소방청의 2021년 8월 보도자료를 살펴보겠습니다. 소방청은 2021년 상반기 119 신고를 2019년, 2020년 상반기와 비교했습니다. 2021년 상반기는 2020년 상반기와 비교해 화재 5.4%(9020건), 구조 16.2%(3만 4515건), 구급 7.1%(8만 5522건), 생활안전 등 신고가 12.7%(4만 5757건) 늘었습니다. 화재·구조·구급 신고는 2020년 상반기에 2019년 상반기보다 5.9%(9만 9334건) 줄었다가 2021년 상반기에 8.1%(12만 9057건) 다시 증가했습니다.

이에 대해 소방청은 코로나19 확산 초기에는 외부 활동을 꺼리다가 코로나19 사태가 장기화되면서 다시 외부 활동이 늘어나는 경향과 관련이 있을 것으로 분석했습니다.

최 의원은 "백신이 코로나 감염 예방에 효과가 없다는 것과 부작용 발생 빈도가 높다는 것을 동시에 방증하는 것으로 볼 수도 있다"라고 주장하기도 했습니다. 이 역시 논리가 빈약하기 그지없습니다. 119 구급 신고 건수가 늘어난 게 백신이 코로나19 감염 예방에 효과가 없다는 것을 알려주지는 않습니다. 부작용 발생 빈도가 높다는 것도 119 구급 신고 건수가 늘어난 것과 직접적인 인과관계는 없습니다.

백신이 코로나19 감염 예방에 효과가 없다는 것을 증명하려면 백신 접종자와 미접종자의 감염률을 평가해서 데이터를 얻어야 합니다. 부작용 발생 빈도가 높다는 걸 증명하려면 백신 접종자 수와 부작용 발생 신고 건수를 비교해 데이터를 얻어야 합니다. 119 신고 건수 증감 여부를 백신 효과 또는 백신 부작용과 연결하는 것은 무리입니다. 전체 119 신고 건수에서 코로나바이러스 의심 증상, 확진자, 이상 반응이 차지하는 비율이 낮기 때문입니다.

해마다 119 구급 신고 건수가 늘어나는 이유는 경제성장에 따른 활동 증가, 고령화 진행에 따른 고령 질환자 증가, 각종 구급 서비스 활성화 등 여러 가지 원인이 있을 수 있습니다. '5년 평균 수치를 지난해와 비교했더니 119 구급 신고가 늘었다. 코로나19 백신이 효과가 없기 때문이다.' 이런 식의 결론은 전혀 타당성을 가질 수 없습니다.

정치가 과학을 망칠 때

2022년 1월 당시 윤석열 국민의힘 대선 후보는 최춘식 의원을 선대위 정책본부 '코로나회복특별위원회위원장'으로 임명했습니다.

윤석열정부는 '과학방역'을 표방합니다. 그에 따라 '국가 감염병 위기대응 자문위원회'를 설치하기도 했습니다. 전문가가 의견을 내고 방역을 주도할 수 있도록 한다는 취지입니다. 이 위원회의 정기석 위원장(한림대학교 의과대학 감염내과 교수)는 2022년 8월 8일 첫 정례 브리핑에서 "여전히 예방접종은 가장 주요한 방역 수단으로, 특히 중증 및 사망을 예방할 수 있다는 측면에서 3차 접종까지 아직 완료하지 않은 대상자들이 지금이라도 예방접종을 받을 수 있도록 정부가 노력해야 한다"라고 강조했습니다. 실내 마스크 해제를 논의하던 2023년 1월 16일에도 고령층 등 고위험군은 한시라도 빨리 개량 백신을 접종해 면역력을 갖춰달라고 요구했습니다. 윤석열정부와 국민의힘, 국가 감염병 위기대응 자문위원회가 여당 내부로 파고든 안티백서를 제거하는 수술을 하지 않고는 '과학방역'을 달성하기 어렵지 않을까요?

주장은 타당한 근거와 함께해야 힘을 얻습니다. 진영 논리에 매몰랐기 때문이든, 맹목적으로 상대 진영을 비판하기 위함이든, 근거가 빈약한 주장은 반드시 반박당하게 됩니다. 국회의원이라는 지위가 엉터리 근거에 권위를 부여하지 못합니다. 왜곡된 분석을 바탕으로 한 주장은 오히려 땅에 떨어진 정치권의 신뢰를 더 갉아먹을 뿐입니다. 감염은 내 편 네 편을 따지지 않습니다. 감염을 예방하는 과학적인 방법을 채택해야 감염병에서 자유로울 수 있습니다.

16. 우리만 믿는 것들

키워드: 관계 의존

우리나라에는 세계적으로 유일한 의학지침이 있습니다. 아마 한 번쯤 들어봤을 법한 이야기입니다. 바로 '주사 맞은 날은 샤워하지 마세요'라는 지침입니다. 어릴 적 기억에 동생은 씻기를 너무너무 싫어했습니다. 물론 병원에 가서 주사를 맞는 것은 더욱 싫어했죠. 동생이 주사를 맞고 온 날의 유일한 위안은 저녁 때 씻지 않아도 된다는 것이었습니다.

질병관리청 '코로나19 예방접종' 홈페이지 Q&A 모음 코너엔 '코로나19 예방접종 후 주의사항은 무엇인가요?'라는 질문이 있습니다. 이 질문에 대해 질병청은 접종 후 15~30분간 접종기관에 머물며 이상 반응 관찰하기, 귀가 후 최소 3시간 안정을 취하기, 어르신의 경우 예방접종 후 도와줄 수 있는 사람과 함께 머물기 등을 안내합니다. 여기에 더해 "접종 당일과 다음 날은 과격한 음주 및 운동을 삼가고, 접종 당일은 목욕을 하지 않는 것이 좋으며, 접종 부위는 청결히 유지합니다"라고 알려줍니다. 질병청에서 백신 접종 초창기 일선 예방접종 의료기관을 통해 접종자들에게 배포한 접종 후 안내문에도 당일에는 목욕하지 말라는 내용이 들어 있습니다. 일선 보건소도 질병청과 마찬가지로 백신 접종 당일에는 목욕하지 말라고 권고합니다. 도대체 왜 그럴까요?

코로나19 예방접종 후 안내, (질병관리청)

해외에서도 마찬가지일까?

주사 맞은 날은 목욕(또는 샤워)하지 말라는 지침은 다른 나라에도 있을까요? 유감스럽게도 그렇지 않습니다. 미국 질병통제예방센터는 어린이가 예방접종을 받은 뒤 열이 난다면 미지근한 물로 스펀지 목욕을 하면서 열을 내리라고 권고합니다. 호주 국립면역연구소는 예방접종을 받은 영유아들을 평소처럼 목욕시켜도 된다고 밝힙니다. 일본 후생노동성은 접종 부위를 깨끗하게 유지해야 하고, 접종 당일 목욕은 문제없지만 접종 부위를 문지르지는 말라고 권고합니다.

중국 베이징시 정부는 코로나19 백신(및 기타 백신)을 접종한 후 샤워를 할 수 있다고 밝힙니다. 종종 의료진이 접종 후 24시간 이내에는 샤워를 하지 말라고 지시하는데, 주된 목적은 주사 부위의 감염을 예방하고 국소 반응을 피하거나 완화하기 위해서라고 설명합니다. 샤워 중 주사 부위를 만지거나 짜거나 자극하는 행동을 삼가고 샤워 후에는 청결하게 유지해야 한다고 조언합니다. 중국의 설명이 가장 속 시원합니다. 영국 국가보건서비스는 접종 후 아이가 수영해도 괜찮냐는 질문에 접종 전후 아이를 수영장에 데려갈 수 있다고 답했습니다. 다만, 예방접종 후 며칠 또는 몇 주 동안 열이 나거나 짜증을 내는 아기는 (수영장에 데려가지 말고) 기다리는 게 좋다는 설명을 덧붙였을 뿐입니다.

어디서 나온 말일까?

왜 유독 우리나라만 백신 접종 후 목욕 또는 샤워를 금지하는 걸까요? 의사들에게 물어봤습니다. 익명을 요구한 한 의사는 자신도 백신 맞은 당일 샤워했다며 '방수 밴드 붙이고 샤워하면 문제가 생길 일이 없을 것'이라고 말했습니다. 왜 당일 샤워를 금지하는지는 그도 모른다고 했습니다. 또 다른 의사도 접종 당일 샤워 금지에 대해선 고개를 갸웃했습니다. 그는 역사적인 맥락이 있을 것이라며 이런 이야기를 들려줬습니다.

1970년대까지 두창(천연두) 백신을 접종했는데 당시 사용한 접종도구는 지금처럼 깔끔하게 주사 한 방 맞는 것이 아니라, 끝이 갈라져 마치 과일 포크처럼 생긴 분지침을 사용했어요. 진피층에 살아 있는 바이러스를 주입하는 생백신 방식인데 천연두바이러스와 사촌인 바키니아바이러스(Vaccinia virus)가 들어 있죠. 분지침에 백신 용액을 묻힌 뒤 팔 위쪽 어깨 부분에 빠르게 15번 찔러 표피와 피하층 사이 진피층을 바이러스에 감염시키는 겁니다.

이 바이러스가 면역계가 싸우는 과정에서 염증 반응으로 접종 부위가 부풀어 오르고 고름과 진물이 생긴 뒤 딱지가 앉게 되죠. 이런 과정을 거친 뒤 딱지가 떨어지면 제대로 면역이 형성됐다고 판정합니다. 일단 백신을 접종하면 피부에 상처가 심하게 나 있는 상태가 되기 때문에 물이 닿으면 감염 우려가 있죠. 그래서 백신을 접종한 뒤에는 씻지 말라는 이야기가 생겨난 것으로 추정됩니다.

일각에선 예방접종 후 목욕(또는 샤워)을 하면 체온에 급격한 변화가 생겨 면역 생성에 방해가 되기 때문이라고 주장합니다. 그러나 의학계에선 이 주장은 어불성설이라고 반박합니다. 인체는 항상성을 유지하기 때문에 성인은 목욕 또는 샤워를 한다고 해서 면역계에 혼란을 줄 정도로 체온이 변화하지 않는다는 논리입니다.

방수 밴드 붙이고 문지르지 않으면 그만

질병관리청에 왜 백신 접종 당일 목욕(또는 샤워)을 하지 말라고 하는지 이유를 물었습니다. 질병청 관계자는 대한감염학회 예방접종 지침에 근거하고 있다며 대한감염학회가 펴낸 《의료인을 위한 안전한 성인예방접종 FAQ》라는 책자를 안내했습니다. 이 책자에는 "백신 접종 후에 발생할 수 있는 이상 반응과 이에 대한 적절한 대처 방법 등을 설명하는 것이 중요합니다. (…) 아나필락시스, 국소 부위 이상 반응(통증, 발적, 가려움, 부기 등)과 전신 이상 반응(발열, 두통, 근육통, 피곤 등)을 설명하고 이에 대한 적절한 대처 방안을 설명해야 합니다. 또한 이러한 이상 반응이 발생할 수 있기 때문에 백신 접종 당일은 목욕이나 과격한 운동, 음주와 같이 무리한 행동은 하지 않도록 교육할 필요가 있습니다"라고 적혀 있습니다. 다분히 이상 반응을 염두에 둔 예방적 조치입니다.

그러나 질병관리청은 '목욕할 때 이물질이 침투해 접종 부위를 감염시킬 우려가 있고, 물 또는 타월의 마찰에 따른 접종 부위 통증 및 상처를 유발할 수 있기 때문'이라고 약간 결이 다른 설명을 내놨습니다.

질병관리청의 설명대로라면 접종 부위에 방수 밴드를 붙이고 샤워하는 도중 또는 물기를 닦을 때 접종 부위를 문지르지 않으면 그만입니다. 질병관리청이 운영하는 예방접종도우미 사이트에는 접종 후 목욕(또는 샤워) 금지에 관한 권고는 찾아볼 수 없습니다. 시일이 지나면 다른 나라처럼 백신을 접종한 뒤 목욕(또는 샤워)을 금지하는 권고는 사라질 가능성이 큽니다. 질병관리청의 설명처럼 접종 부위에 이물질이 침투할 우려 또는 마찰에 의한 통증 및 상처가 유발될 우려는 비단 우리나라에서만 하는 게 아니기 때문입니다. 이것도 '글로벌 스탠다드'에 맞게 수정될 가능성이 매우 큰 것이죠. '과학방역'과도 거리가 멉니다. 지금 의사들이 하고 있는 것처럼 주사 맞은 곳에 방수 밴드 붙이고 샤워하면 됩니다. 괜히 앞뒤 맞지 않는 해명을 억지로 붙여가며 과학적이지 않은 인습을 고수할 이유는 없어 보입니다. 과학적 근거 없이 예전부터 해오던 것이니 따른다는 건 가장 철저히 과학으로 무장해야 할 보건 당국이 고수할 입장은 아닌 것 같습니다.

17. 따라 하다가 죽을지도-
잘못 알려진 응급처치법

키워드: 통설 신뢰 근거를 따지지 않는 자세

이번에는 정말 목숨을 지키는 방법을 알아봅니다. 응급처치를 하려다 오히려 건강을 해치거나 생명에 위협을 받으면 큰일이니까 말입니다.

독사에 물렸을 때 입으로 독 빨아내기

2021년 기준 주민등록상 총인구 5164만 명 중 4740만 명(91.8%)이 도시 지역에 거주하는 것으로 집계됐습니다. 이렇듯 도시에 몰려 살다 보니 일상에서 뱀을 봤다는 사람은 거의 없지만 도시 지역에 아예 뱀이 없는 것은 아닙니다.

2012년 6월엔 서울 양천구 신월동에서 한 달 동안 17차례나 뱀이 발견됐습니다. 2020년에도, 2021년에도 서울 도심에 뱀이 나타났다는 언론 보도를 찾을 수 있습니다. 119 생활안전출동(응급 상황은 아니지만 조치하지 않으면 안전사고로 이어질 수 있는 위험 요인을 해소하기 위한 출동)은 연간 40만 건 정도 이뤄지고 있는데요, 해마다 벌집 제거 사례가 가장 많고 동물 포획 사례가 두 번째로 많다고 합니다. 2021년 동물 구조 건수는 8만2822건이었는데요, 개(4만 3580건), 고양이(1만 1667건), 뱀(1만 702건), 고라니(4749건) 순서로 많았습니다. 물론 동물 구조 출동 모두 도시 지역이라고 볼 수는 없지만 언제 뱀을 만나도 이상하지 않다는 걸 말씀드리고 싶습니다.

우리나라에도 독사가 살고 있을까요? 그렇습니다. 우리나라에 서식하는 독사로는 살모사가 가장 유명합니다. 과거 국내 환자 조사에서 뱀에 물린 상처(교상) 빈도는 쇠살모사(27%), 살모사(23%), 까치살모사(10%) 순으로 나타났고 나머지 40%는 환자들이 뱀을 구분하지 못했다는 보고가 있습니다. 쇠살모사는 독사, 불독사라고도 불리고, 살모사는 까치독사, 살무사라고 불립니다. 까치살모사는 칠점사, 칠점백이라고 불리기도 합니다. 살모사 외에 유혈목이도 독을 갖고 있는데요, 꽃뱀, 화사, 율모기, 너불대, 너불대기라는 다른 이름으로 불립니다. 독니가 머리 뒤편에 위치하고 머리 앞 부위에 주입 압력이 낮은 목 독샘을 가지고 있어 예전에는 독성이 없거나 치명적이지 않은 뱀으로 분류했습니다만, 최근 사례와 뱀독 연구에서 1급 독성 위험이 있음이 밝혀졌습니다. 그중 주요 뱀독 성분은 살모사나 코브라과와 유사하다고 합니다.

이런 독사에 물렸을 때 어떻게 대처해야 할까요? 저는 독사에 물렸을 때 상처 부위를 칼로 째고 입으로 피를 빨아내 뱀독을 제거하라고 들은 기억이 있습니다. 그런데 이건 잘못된 정보입니다. 독사에 물린 부위의 피를 빨아내면 뱀독까지 함께 제거되는 줄로 알았는데 오히려 위험하다고 합니다. 인제대학교 의과대학 응급의학교실 김경환 교수 연구팀은 〈한국 뱀 교상에 대한 항뱀독소(2013)〉 연구를 통해 "부적절한 응급처치로 국소 합병증이 더 증가할 수 있다"라고 경고합니다. 뱀에 물린 직후 상처를 째고 피를 빨아내는 절개흡인은 뱀독을 제거하는 효과는 없으면서 감염과 2차 중독을 일으킬 위험이 있으니 하지 말아야 할 처치라고 강조합니다. 얼음찜질이나 냉동 요법, 전기 치료, 동맥 압착 지혈대 등은 뱀에 물린 부위의 손상을 가중시킨다고 합니다.

논문에서는 "최선의 응급처치는 환자를 안심시키고 전신과 특히 물린 부위를 움직이지 않게 하여 (의료 시설로) 이송하는 것"이라고 강조합니다. 일단 병원에 도착하면 뱀독을 말에 주입해 얻은 항뱀독소를 이용해 치료할 수 있습니다.

말벌에 쏘인 뒤 카드로 긁어 벌침 빼기

2021년 우리나라에서 11명이 말벌에 쏘여 목숨을 잃었습니다. 벌 쏘임 사고는 7월에 급증하기 시작해 8~9월에 가장 많이 발생합니다. 기온이 높아지면 활동이 왕성해지고 개체군이 급격히 늘어나는 말벌류의 생애 주기와 밀접한 관련이 있습니다. 추석 벌초·성묘와 가을 산행 인파가 늘어나는 8월 중순부터 9월 하순까지 벌 쏘임 사고가 집중적으로 발생하는 원인입니다.

국립공원관리공단의 실험 결과에 따르면 말벌의 공격 성향은 검은색>갈색>빨간색>초록색>노란색 순으로 높게 나타났습니다. 벌집을 털어 꿀을 훔쳐먹는 곰을 오랫동안 상대해오면서 몸에 밴 행동양식이라는 학설이 있기도 합니다. 짙은 색을 공격하는 성향 탓에 말벌은 사람의 머리 부위를 집중적으로 공략합니다. 말벌이 달려들 때 그 자리에 엎드리면 큰 사고로 이어질 가능성이 큰 것이죠. 말벌이 달려들기 시작할 때 재빨리 20m 정도 뛰어가면 대부분의 벌은 벌집으로 복귀하기 때문에 피해를 줄일 수 있다고 합니다.

말벌에 쏘이면 나타나는 벌독 알레르기 증상으로는 메스꺼움, 울렁거림, 구토, 설사, 어지러움, 전신 두드러기 등이 있고 쏘인 부분이 심하게 부어오르면서 호흡곤란이 나타나기도 합니다. 벌에 쏘이면 적절한 방법으로 신속히 벌침을 제거하고 소독하거나 깨끗한 물로 씻어 쏘인 부위의 감염을 방지하는 것이 좋습니다. 소방청은 "말벌의 독은 우리가 생각하는 것보다 훨씬 강하기 때문에 최대한 신속히 119 신고 후 병원 치료를 받는 것이 좋다"라고 권고합니다. 벌독에 의한 사망 사고 사례를 보면 79%가 벌에 쏘인 뒤 1시간 이내로 사망했습니다.

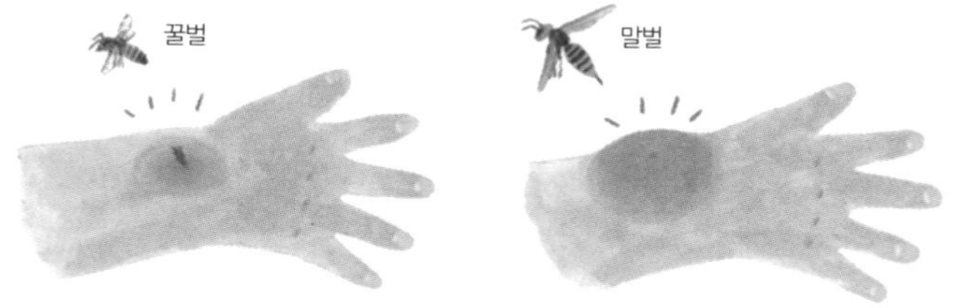

벌에 쏘였을 때 대처 방법. 말벌 상식 팩트체크, 국립수목원

벌에 쏘이면 신용카드 등으로 침을 긁어내야 한다는 이야기가 널리 퍼졌습니다. 그러나 말벌의 경우는 다릅니다. "말벌 침의 구조상 독침이 피부에 남지 않으므로 핀셋, 카드 등으로 침을 제거하지 않아도 된다"라고 산림청 국립수목원은 밝히고 있습니다.

꿀벌의 독침은 사람 피부에 박히는 순간 독주머니가 포함된 꿀벌의 내장 부분이 함께 떨어져 나옵니다. 이때 손으로 독침을 잡으면 독주머니가 터지면서 인체로 벌독이 더 많이 들어올 우려가 있습니다. 그래서 꿀벌에 쏘였을 때는 카드 등을 이용해 독주머니가 터지지 않도록 쓸어내듯이 벌침을 제거하라고 권고하는 것입니다.

말벌에 쏘였을 때는 신용카드를 찾지 말고 곧바로 119에 신고하십시오. 그리고 독이 퍼지는 걸 지연하려면 차가운 물 또는 얼음으로 쏘인 부분을 씻어내세요. 야외 활동을 할 때 밝은색 계열의 옷과

챙이 넓은 모자를 착용하고, 향수나 향이 진한 화장품은 피하는 것이 말벌을 자극하지 않는 방법입니다.

18. 진영 논리에서 비롯된 비과학적 흑색선전

키워드: 사실 왜곡

문재인정부는 '탈원전'으로 각인된 에너지전환 정책을 추진했습니다. 노후 원전의 수명을 연장하지 않고 새로운 원전을 짓지 않는 방식으로 향후 60여 년에 걸쳐 원전 비중을 줄여나가는 내용입니다. 줄어드는 원전이 생산하던 전력은 태양광, 풍력 등 재생에너지 발전으로 메워 탄소중립을 달성한다는 큰 그림이었죠. 그런데 당시 야당과 원자력 산학연 복합체는 문재인정부의 에너지 정책에 크게 반발합니다. 특히 태양광발전을 향한 흑색선전이 어마어마하게 펼쳐졌습니다. 하지만 기후 위기를 극복하는 데에 탄소중립 달성이 필요하다는 것은 과학계가 합의한 정설이 됐습니다. 탄소중립을 달성하려면 재생에너지 비중을 높여야 한다는 점에 세계 과학계가 일치된 목소리를 내고 있습니다. 그렇다면 태양광발전에 덧씌워진 누명은 좀 벗겨줘야겠습니다.

태양광 패널 때문에 전국이 중금속에 오염된다

2020년 9월 8일 국민의힘 주호영 원내대표는 국회 교섭단체 대표연설에서 "값싼 중국산 태양광 패널로 전국의 산야와 계곡이 중금속 오염에 노출됐다"라고 말했습니다. 이 말은 사실일까요?

태양광발전 패널이 중금속을 함유하고 있어 오염을 유발한다고 비판한 겁니다. 2018년 한국환경정책평가연구원이 발간한 〈태양광 폐패널의 관리 실태 조사 및 개선 방안 연구〉 보고서를 살펴볼까요?

> 본 연구에서는 태양광 폐패널의 환경영향 측면을 검토하기 위하여 국내에 보급된 태양광 폐패널 시료 4종을 확보하여 국립환경과학원의 협조를 얻어 과학원에서 용출 및 함량 분석을 수행하였다. 용출 분석 대상 중금속은 7가지 금속(Cu, Pb, Cd, As, Hg, Cr, Cr6+)이며, 이를 분석한 결과 3가지 금속(Cu, Hg, Cr6+)이 모든 시료에서 정량한계 이하로 검출되었다. 반면 납(Pb)은 모든 시료에서 0.064~0.541mg/L의 범위로 분석되었으며, 3종의 샘플에서 비소(As)가 0.008~0.138mg/L 범위로 검출되었다. 폐기물관리법 시행규칙의 '[별표1] 지정폐기물에 함유된 유해 물질'에 명시된 지정폐기물 기준에 따르면, 7가지 중금속 모두 지정폐기물 기준 미만으로 검출되었다.
>
> 다음으로, 함량 분석은 6가지 중금속(Cu,Pb, Cd, As, Hg, Cr)을 대상으로 수행되었다. 그 결과, 2가지 중금속(Cd, Hg)이 검출한계 미만으

로 나타났으며, 4가지 중금속(Cu, Pb, As, Cr)은 모두 검출되었다. 특히 납의 함량을 분석한 결과 88.7~201.8mg/kg의 범위로 나타났다.

연구진은 국내에 보급된 태양광 폐패널 시료 4종을 대상으로 용출시험과 함량 분석 시험을 시행했습니다. 용출시험은 시료를 완전히 분쇄해 시약에 넣고 흔들어 중금속 성분이 얼마나 빠져나오는지를 확인하는 시험 방법입니다. 이 시험을 통해 분석 대상 7가지 중금속 모두 지정폐기물 기준 미만으로 검출된 것이 확인됐습니다.

지정폐기물 기준이란 금속 성분 등이 함유된 사업장 폐기물 중 주변 환경을 오염시키거나 인체에 위해를 줄 수 있는 유독한 물질을 폐기할 때 적용됩니다. 금속 성분 폐기물은 주로 매립합니다. 이 때문에 유해한 금속 물질이 매립장에 스며든 빗물 또는 지하수를 만나 얼마나 환경에 유출돼야 위해한지를 평가해 기준치를 세운 겁니다.

일단 폐패널 시료는 이 기준치를 충족했으므로 크게 우려할 문제는 아닙니다. 게다가 이 시험은 폐패널을 완전히 분해하는 방식이므로 현재 설치돼 가동 중인, 파손되지 않은 태양광발전 시설에는 직접 적용하기 어렵습니다. 태양광 패널은 여러 개의 셀을 연결한 것인데 빗물이 들어오지 않도록 알루미늄 프레임과 유리로 밀봉돼 있습니다. 정상적으로 가동되고 있는 태양광 패널은 비를 맞아도 중금속이 녹아 나오지 않는다는 뜻이죠.

중앙일보도 2020년 9월 〈'중금속 덩어리'에 재활용도 어렵다? 주변 토양 납·수은 기준치 이하〉라는 기사로 관련 내용을 팩트체크한 바 있습니다. 태양광 업계는 공인시험기관에 자체적으로 시험을 의뢰한 결과 한국환경정책평가연구원 보고서에 언급된 중금속 성분이 전혀 검출되지 않았다고 주장합니다. 완제품을 시약에 넣어 용출 분석을 하는 것과 제품을 분쇄한 상태로 용출시험을 하는 시험방법의 차이 때문에 결과가 달라지는 겁니다.

태양광 폐패널 쏟아져 감당 못 한다?

태양광발전 시설이 중금속을 줄줄 흘리는 오염덩어리가 아니라는 점은 분명해졌습니다. 그렇지만 태양광발전 시설이 늘어나면 그에 따라 관련 폐기물이 늘어날 수밖에 없습니다. 태양광발전 시설의 수명 연한이 순차적으로 도래하면서 폐패널이 쏟아져 감당하지 못할 것이라는 비판이 나오는 이유입니다. 이것도 확인해봤습니다.

2020년 10월 엄태영 의원은 태양광 폐패널의 누적 배출량은 2025년 2만 3292톤에서 2030년에는 8만 7124톤, 2040년에는 82만29톤에 이를 것으로 전망했습니다. 이어 "태양광 폐패널을 제대로 관리하지 못하면 심각한 환경오염은 물론 인체에도 큰 악영향을 미칠 수밖에 없다"라고 덧붙이면서 태양광에너지 확대 정책의 속도 조절과 동시에 재활용 대책 마련이 시급하다고 지적했습니다.

엄 의원이 인용한 수치는 앞서 언급한 한국환경정책평가연구원의 〈태양광 폐패널의 관리 실태 조사 및 개선 방안 연구〉 보고서와 일치합니다. 보고서에는 "앞으로 태양광 폐패널이 전량 매립될 경우 상당량의 매립지 용량을 차지할 것으로 전망된다"라고 적혀 있습니다.

그러나 문재인정부는 2021년 11월 완공 예정인 충북 진천의 태양광 재활용 센터를 가동하면 2027년까지는 아무런 문제없이 태양광 폐패널을 처리할 수 있다고 설명했습니다. 이 시설은 애초 예정 시한을 넘겨 2021년 12월 준공됐고 2022년 1월부터 가동되기 시작했습니다.

2027년 이전 폐모듈 발생량은 2023년에 최대 연간 9665톤에 이를 것으로 전망되지만 진천 재활용 센터 준공 등으로 2022년에 연간 총 9700톤 규모의 폐모듈을 처리할 수 있다고 합니다. 2023년부터는 태양광 패널 생산·수입 업자가 폐패널 재활용을 책임지는 생산자책임 재활용제도(EPR)가 시행되는데, 재활용 산업의 활성화로 이어져 폐패널 재활용 시설의 용량은 조금 더 확대될 것이라는 전망도 내놨습니다. 예상대로 처리가 이루어지는지는 지속적으로 감시해야 할 문제이기는 합니다.

태양광발전기의 전자파와 빛 반사

문재인정부 시절 청와대 국민 청원 게시판 등에는 자신의 동네에

태양광발전 시설을 설치하지 못하게 해달라는 민원이 많이 올라왔습니다. 태양광발전 시설에서 인체에 해를 끼치는 전자파가 나오기 때문이라는 이유가 많았습니다. 과연 사실일까요?

결론부터 말하자면 사실과 다릅니다. 태양광발전 시설에서 전자파가 나오긴 하지만 인체에 해를 끼칠 정도는 아닙니다. 2019년 12월 국립전파연구원은 생활 제품, 유아동 및 다중 이용 시설 등 전자파 측정 결과를 공개했습니다. 가정용 태양광 시설(3kW)에서 나오는 전자파 세기를 측정했는데 기준값 대비 최대 2.8%에 그치는 것으로 나타났습니다.

농촌에 설치된 태양광발전기에 대한 측정 결과도 크게 다르지 않습니다. 한국화학융합시험연구원 강종식 선임연구원은 2012년 한국전파학회지에 〈태양광발전소 전자파 환경 조사 연구〉 보고서를 게재했습니다. 이 연구는 농촌 지역에 설치된 태양광발전소의 인버터실 내외부, 태양광 모듈 설치 구역, 계통 연결부, 농장 인근 지역의 자기장 세기를 측정한 것입니다. 결과는 세계보건기구가 권고하는 인체 노출 기준의 20% 이내로 측정됐습니다. 태양광발전소 주변의 자기장 세기는 극히 미약하다는 걸 측정을 통해 알 수 있었던 것이죠.

조선일보는 2019년 10월 31일 〈주한 미군 "새만금 태양광, 비행작전에 지장"〉 기사를 보도했습니다. 이 기사는 "주한 미군이 최근 세계 최대 규모 새만금 태양광 단지 계획에 대해 '패널 빛 반사 등으로 군의 비행 작전에 지장을 줄 수 있다'는 입장을 전달했지만 한국수력원자력은 이를 수용하지 않았다"라고 보도합니다.

결론적으로 이 보도는 오보로 밝혀졌습니다. 새만금개발청은 해명 자료를 통해 새만금의 태양광 사업이 주한 미군의 비행 작전에 지장을 초래한다는 보도는 사실이 아니라고 밝혔습니다. 이어 "보도에 언급된 회의('19.7월)를 통해 주한 미군과 새만금 사업에 대해 상호 협력키로 하였으며, 이후 주한 미군 측이 면밀히 검토한 결과 새만금의 태양광 사업에 반대 의사가 없다는 의견을 확인('19.9월)했다"라고 설명했습니다.

태양광발전 패널은 과연 전투기 조종이 어려울 만큼 빛 반사를 일으킬까요? 한국에너지기술연구원 태양광연구실 강기환 책임연구원 등은 2015년 6월 한국태양광발전학회 분야별 기술 현황과 동향 리뷰에 〈태양광발전 시스템 고장과 민원 발생 유형〉이라는 논문을 게재했습니다. 태양광 패널의 빛 반사와 관련된 부분을 옮겨봅니다.

> 우리 주변에 존재하는 건물이나 비닐하우스 또는 어떠한 생활 시설물에도 일반적으로 태양 빛에 의한 반사는 존재한다.
> 태양광 모듈의 설치 방식은 경사 고정형부터 수직, 수평형까지 다양한 형태로 설치된다. 이때, 태양광발전 설비에서 반사를 일으킬 수 있는 부분은 태양광 모듈뿐이다. 그러나 태양광모듈 내부에 사용되고 있는 태양전지는 태양 빛을 가장 많이 흡수해야만 태양전지의 발전성능을 높일 수 있기 때문에 반사를 줄일 수 있는 표면 텍스쳐링

기술이나 반사방지막 코팅 기술 등이 내포되어 있다.
또한, 태양광 모듈에서도 반사를 줄일 수 있는 기술들이 다양하게 개발되고 있는데 기존에는 표면 유리에 텍스쳐링 기술만이 접목되었으나, 최근에는 표면 유리에 반사방지막을 코팅하는 기술도 함께 선보이고 있다. 따라서, 태양광 모듈에서 발생되는 반사율은 우리 주변에서 흔히 볼 수 있는 건축물의 외장 유리 또는 비닐하우스보다도 훨씬 적다고 볼 수 있다.

태양광발전은 햇빛을 흡수해 빛에너지를 전기에너지로 바꾸는 원리입니다. 빛을 많이 흡수해야 발전량이 늘어나죠. 따라서 태양광 모듈의 빛 반사율을 낮춰 흡수율을 높이는 것이 기술의 핵심입니다.

태양광 모듈의 빛 반사율은 일반 강화유리보다 낮습니다. 가시광선 영역인 400~800nm 파장 범위에서 저철분 강화유리는 반사율 7.48%를 나타냈고, 단결정 실리콘 태양광발전 모듈은 5.03%, 다결정 실리콘 태양광발전 모듈은 6.04%를 나타냈습니다.

이 밖에도 한때 태양광발전 시설이 축사 인근에 들어선 이후 가축 유산 등 피해가 발생했다는 축산 농가의 민원이 잇따랐습니다. 수상 태양광 설치 예정지에서는 태양광 패널을 세척할 때 사용하는 세척제가 독성 물질이라 수질을 오염시키고 어장을 황폐화시킨다는 루머도 떠돌았습니다.

모두 사실이 아닌 걸로 밝혀졌습니다. 2010~2011년 한국화학융

합시험연구원이 태양광발전 시설 200곳 인근의 일조량, 자외선, 대기 온·습도 변화를 측정한 결과 태양광발전 시설 설치 지역과 미설치 지역 간 특이한 차이점은 발견되지 않았습니다. 실험 동물을 이용해 체중 변화와 스트레스 호르몬을 관찰한 결과에서도 태양광 설치/미설치 지역 간 특이한 차이는 없었습니다.

독성 세척제를 사용한다는 루머도 사실과 달랐습니다. 태양광 모듈 세척은 빗물에 의한 자연 세척 또는 지하수·수돗물을 이용한 인공 세척입니다. 최근에는 기계(로봇)가 자동으로 세척하는 장치도 개발됐습니다. 브러시가 태양광 패널을 좌우로 움직이며 청소하는 방식입니다. 이 역시 별도의 약품이 필요하지 않습니다. 작동은 태양광발전에서 나오는 에너지를 이용합니다.

조선일보는 2021년 8월 9일 〈패널 수백장이 하얗게 …'새똥광' 돼버린 새만금 태양광〉이라는 기사를 발행했습니다. 전북 새만금호 수면에 설치한 수상 태양광발전 시설이 새똥으로 하얗게 뒤덮였다는 내용입니다. 관련 기사에서는 국내 최대 육상 태양광 시설을 예로 들면서 수상 태양광보다 관리하기 쉬운 육상 태양광도 패널을 세척할 엄두를 내지 못한다고 지적했습니다. 수상 태양광발전소 설치가 완료되면 새똥이 발전소 운영에 걸림돌이 될 것이라는 예상도 내놨습니다.

그러나 조선일보가 보도한 새만금 태양광 시설은 안정성 검토를 위한 실증 연구가 진행되던 상태였습니다. 상업 운전 전 단계였기에 패널 세척을 실시하지 않고 있는 것이죠. 발전과 송전이 이뤄지는 상업 운전 단계에서는 발전 효율을 높여야 이윤을 많이 창출할 수 있습니다. 결국 새똥이 하얗게 뒤덮여 있는 상태를 사업 운영자는 용납할 수 없게 되는 겁니다.

새만금개발청은 현재 국내 60여 개의 수상 태양광 대부분이 조류 배설물에 의한 패널 오염은 있으나 청소로 해결되는 수준으로 유지되고 있다고 조선일보 보도를 반박했습니다. 향후 상업 운전 단계가 되면 고압 살수 방식으로 패널을 세척하겠다는 입장도 밝혔습니다.

윤석열정부가 출범하면서 탈원전 정책은 폐기됐습니다. 그러나 윤석열정부도 "탄소중립을 적극 추진하고 필수에너지 복지를 확대하겠다"라고 대선 공약을 했습니다. 국정과제로는 "에너지 수요관리 혁신과 함께 재생에너지, 수소 등 다양한 에너지원의 확대를 통해 에너지 자급률 제고 및 산업·일자리 창출의 기회로 활용"이 포함됐습니다. 여야는 바뀌었지만 재생에너지를 확대할 필요성은 여전합니다. 그러니 태양광발전에 씌워졌던 누명을 벗겨줘야 할 필요가 있습니다.

19. 곤충에 대한 통설의 비과학

키워드: 관행 의존 통설

가을이 오면 매미 소리가 줄어들고 귀뚜라미 소리가 커집니다. 비도 많이 오고 습한 날이 이어지면 새벽에 출근하다가 꼽등이를 마주치고는 깜짝깜짝 놀랍니다. 찬바람이 불어도 모기에 물립니다. 2019년 무렵 낡은 아파트 1층집으로 이사하고 난 뒤 1년 내내 온갖 벌레들을 마주치며 깨달음을 얻었습니다. 곤충의 세계에 인간이 잠시 세 들어 사는 것뿐이라는 걸요. 사람들이 질색하는 해충에 대해 잘못 알려진 사실을 살펴봤습니다.

모기는 고층으로 못 올라온다?

"모기는 날개 힘이 없어 아파트 고층까지 올라갈 수 없다."

모기와 관련해 널리 알려진 말입니다. 저는 41층에 살아본 적이 있는데 그때도 집 안에서 모기에 많이 물렸습니다. 모기가 날아서

41층까지 올라올 수 있는지 해충 방제 전문기업 세스코에 알아봤습니다

모기는 7~8m 정도 높이까지 비행할 수 있지만 바람을 타면 그보다 더 높은 곳까지 올라갈 수 있고, 엘리베이터나 비상계단 등을 통해서도 고층까지 이동할 수 있다고 합니다.

또, "처서가 지나면 모기 주둥이가 꼬부라진다"는 유서 깊은 말이 전해져옵니다. 여름에 기승을 부리던 모기가 가을이 되고 기온이 낮아지면 힘을 쓰지 못한다는 뜻을 담고 있죠. 그러나 기후위기 시대를 살고 있는 오늘날엔 점차 이 말이 힘을 잃고 있습니다. 여름에 폭염과 집중호우가 빈번해지면서 모기가 좋아하는 서식 조건이 형성되지 않습니다. 날씨가 너무 더워도 모기 유충이 성충으로 우화하기 어려워집니다. 폭우가 쏟아지면 모기가 산란해놓은 웅덩이 등에 고인 물이 쓸려 내려가기 때문에 모기 개체 수가 늘어나기에는 좋지 않은 상황이 됩니다.

기후변화로 고온 일수가 늘어나고 9월에도 빈번하게 열대야가 일어나면서 모기가 왕성하게 활동하는 기간도 달력 뒷장으로 밀렸습니다. 늦여름에서 초가을 사이 유독 모기에 많이 물리는 느낌이 듭니다. 이때부터 모기의 주요 산란 시기라 암컷이 에너지를 얻으려고 흡혈 활동을 활발히 하기 때문입니다.

모기는 하수, 정화 시설, 지하실과 물이 고여 있는 곳에서 알, 유충, 성충 모든 상태로 월동합니다. 다음 해 모기 발생을 줄이려면

겨울철에도 모기가 월동할 만한 장소를 관리해주는 것이 중요합니다. 일시적으로 온도가 올라갈 경우, 겨울에도 활동하는 개체가 생길 수 있으므로 상시 관리하는 게 좋다고 합니다.

해충은 저절로 생겨난다?

낡은 아파트에서 살 때는 베란다 창틀에서 청개구리를 발견하는 등 집 안에서 온갖 생물을 만나곤 했습니다. 청개구리는 귀엽기라도 하지요. 모기, 개미에 물려 가렵고, 바퀴벌레, 그리마(돈벌레), 좀벌레와 마주칠 때는 이대로는 안 되겠다 싶었습니다. 그래서 가장 먼저 외부로 통하는 모든 틈새를 막기 시작했습니다. 실리콘을 구매해 욕실의 눈에 보이는 모든 틈새를 막고, 하수구도 트랩형으로 바꿨습니다. 환풍기도 댐퍼가 부착돼 가동되지 않을 때는 틈새가 막히는 것으로 교체했습니다. 세면기에 달린 오버플로우 홀(물 넘침 방지 배수구)도 방충망 보수 스티커로 막았죠. 욕조 배수구는 사용하지 않을 때 마개로 꼭 막았습니다.

이렇게 했더니 자주 보이던 나방파리는 사라졌습니다. 나방파리와 함께 자주 보이던 이름 모를 날벌레 한 종류도 더 이상 나타나지 않았습니다. 그런데 가끔 출몰하는 꼽등이는 막지 못했습니다. 시중에는 꼽등이 자연발생설이 돌기도 했습니다.

세스코 과학연구소 해충담당 연구원은 "아무리 철저히 막아도 빈틈은 있다"라고 합니다. 현관문 하단 틈새나 베란다 창문 틈새 등은 꼽등이에게 광대한 넓이네요. 특히, 현관 앞에 뒀던 택배박스 등을 타고도 실내로 침입한다고 설명합니다. 다들 아시겠지만 자연발생설은 틀렸습니다.

집에 돈벌레가 살면 바퀴벌레가 없다?

집에 그리마(속칭 돈벌레)가 있으면 바퀴벌레가 살지 않는다는 말도 널리 퍼졌습니다. 그리마가 바퀴벌레 알을 잡아먹기 때문이라는 설명도 뒤따릅니다. "그리마의 경우, 잡식성이라 바퀴벌레의 알을 먹기도 한다"라고 세스코의 답을 받았습니다. 하지만 그리마는 주로 외곽에 서식하다가 집 안으로 침입하기 때문에, 집 안 곳곳에 숨어 있는 모든 바퀴벌레의 알을 잡아먹는 것은 아니라고 설명을 덧붙입니다. 실제 세스코 해충방제 전문가는 가정집에서 그리마와 바퀴벌레가 동시에 모니터링되는 경우가 흔하다고 합니다.

비슷한 맥락으로 개미가 있는 집은 바퀴벌레가 없다는 루머가 있습니다. 이에 대해 세스코는 "안타깝게도 개미와 바퀴벌레가 한집에서 같이 발견되는 경우도 많다"라고 합니다. 개미와 바퀴벌레는 주요 서식처가 다르기 때문에 서로 천적이 될 수 없다는 이야기입니다. 도시 외곽 지역일수록 개미와 바퀴벌레가 함께 발견되는 사례가 더 많이 모니터링되고 있다고 합니다.

바퀴벌레 1마리만 보여도 집 안에는 500마리 이상 바퀴벌레가 산다는 이야기도 있습니다. 세스코 과학연구소에 따르면, 바퀴벌레 암컷은 한 번의 교미만으로도 약 5~7개의 알집을 생산할 수 있습니다. 1개의 알집 속에 약 40여 개의 알이 들어있고요. 암컷 1마리가 침입했다면 단 한 차례만 산란해도 300마리 가까이 늘어날 수 있다는 뜻입니다.

세스코는 "암컷 1마리가 낳은 알들은 성충이 돼 또다시 세대를 이어가기에 때문에 눈에 보이는 1마리는 500마리 그 이상이 될 수 있다"라고 설명합니다. 1마리가 보이면 500마리가 있다는 말은 거의 진실에 접근하는 말이었습니다. 하지만 1마리가 보이면 500마리가 산다고 단정 지을 수는 없습니다. 집 밖에 사는 바퀴벌레종일 수도 있으니까요. 바퀴벌레마다 대응 방법이 다 다르니 바퀴벌레가 보이면 해충 전문가에게 진단을 받아보는 게 좋겠습니다. 괜히 바퀴벌레를 퇴치한다고 살충제를 마구 뿌리면 위험하다고 합니다. 바퀴벌레가 생명에 위협을 느끼면 본능적으로 개체를 늘리려고 산란 활동을 하고 집 안 곳곳으로 서식처를 옮기기 때문라는 거죠. 그렇기 때문에 집 안에 바퀴벌레가 나타났다면 에어로졸보다 전문 먹이 약제를 통해 서식처에 있는 개체까지 잡아내는 것이 중요하다고 합니다. 잡식성인 바퀴벌레는 죽은 동료의 사체까지 먹기 때문에 먹이 약제를 먹은 1마리만으로도 연쇄 살충 효과를 볼 수 있습니다.

과자 봉지 뜯었더니 꿈틀대는 애벌레, 공장 책임?

과자 봉지를 뜯었더니 나방 또는 애벌레가 나왔다는 뉴스를 가끔

접합니다. 기사 속 주인공은 매우 화를 내며 제조사를 탓합니다. 이름만 대면 알 만한 큰 제과 회사들이 어떻게 공정을 관리하기에 제품에서 벌레가 나올 수 있느냐는 이유의 분노입니다. 화가 나는 건 이해합니다. 맛있게 먹으려고 봉지를 뜯었는데 벌레가 보였을 때의 그 느낌, 저도 한 번 당한 적이 있는데 굉장히 허탈하고 불쾌하고 화가 나고 국격을 의심하게 되는 굉장히 복잡 미묘한 감정이 올라옵니다. 그러나 제조 과정에서 벌레가 들어가는 경우는 거의 없다고 합니다.

비밀은 나방 애벌레가 쥐고 있습니다. 화랑곡나방 애벌레는 턱이 매우 강력하기 때문에 비닐봉지를 뚫고 들어갈 수 있습니다. 비닐봉지를 뚫고 들어가 마음껏 과자 등을 먹은 뒤 비닐 봉지 속에서 변태 과정을 거쳐 나방이 되는 것이죠.

실제 세스코 이물분석센터에 의뢰되는 '나방 애벌레에 의한 식품 혼입 사고'를 살펴보면, 수개월 전에 제조된 제품에서 살아 있는 애벌레가 발견되는 사례가 다수입니다. 애벌레 종류는 대부분 화랑곡나방 애벌레입니다. 화랑곡나방의 여름철 유충 기간은 20~30일 이내로, 제품이 만들어진 공장에서 들어간 거라면 살아 있는 상태로 발견될 가능성은 거의 없습니다. 세스코는 "마트 등 유통 과정에서 애벌레가 포장을 뚫고 들어가는 경우도 있지만, 소비자 보관 단계에서도 충분히 혼입될 수 있으므로 장기간 보관하는 가공식품에 대해서는 소비자의 주의도 필요하다"라고 말합니다.

화장실 벽면 등에서 자주 관찰되는, 날개가 뒤집힌 하트 모양 벌레가 과연 무엇이냐는 질문도 많이 받습니다. 혹자는 하루살이라고 하고, 나방이다, 파리다 설이 분분합니다. 이 생물은 파리목에 속하는 나방파리입니다. 배수구 또는 어디라도 틈새 안의 퇴적된 유기물 덩어리(슬러지)가 있으면 안에 알을 낳습니다. 부화한 유충은 슬러지와 조류(algae), 세균, 곰팡이 등을 먹고 자랍니다. 암컷은 30~100개의 알을 낳는데 이틀이면 부화하고 성충이 되기까지 약 2주 정도 걸립니다. 배수구와 트렌치를 주기적으로 청소해 유기물 찌꺼기를 제거하면 발생을 억제할 수 있다고 합니다. 나방파리가 보였다는 건 하수구를 청소할 때가 됐다는 걸 알려주는 거라 생각하시면 됩니다.

나방파리 유충은 유기물 찌꺼기 속에 숨어 있기 때문에 단순히 뜨거운 물을 붓거나 락스 등을 붓는 것만으로는 제거하기 어렵습니다. 세면대 배관 또는 씽크대 배수구 등에 배수구 전용 클리너를 사용해 유기물을 완전히 제거하는 것이 중요하고, 화장실 배수구 또는 거름망 등은 뚜껑을 열어 안쪽에 있는 유기물까지 깨끗이 제거해야 퇴치할 수 있다고 합니다.

꼽등이에 관한 루머들

몇 년 전, 죽은 꼽등이의 몸에서 기생충인 연가시가 빠져나오는 장면이 크게 확산된 적이 있습니다. 비교적 존재감이 미미했던 연가시는 2012년 같은 이름의 영화가 개봉되면서 유명세를 탔습니다. 숙주로 삼은 메뚜기 등 동물의 뇌를 조종해서 물가로 유인해 익사하게 만드는 생활사가 왠지 공포스럽습니다. 영화 '연가시'는 이를 약간 변주해 사람을 숙주로 삼은 상황을 그려냈습니다. 실제로 연가시는 사람을 숙주로 삼지 않습니다. 이와 함께 "꼽등이를 때려잡으면 터진 꼽등이 사체에서 연가시가 나온다"는 말이 떠돌았습니다. 이후 꼽등이는 혐오의 대상으로 전락하고 말았습니다. 그러나 모든 꼽등이가 연가시에 감염되는 것은 아닙니다. 바꿔 말하면 죽은 꼽등이 몸에서 연가시가 나오는 일은 흔하지 않다는 겁니다.

꼽등이는 살충제를 뿌려도 죽지 않는다는 말도 떠돌았습니다. 반은 맞고 반은 틀린 이야기입니다. 꼽등이는 바퀴벌레, 개미 등 집에서 주로 출몰하는 곤충보다 덩치가 큽니다. 그래서 꼽등이에게 바퀴벌레 잡을 때 사용하는 정도로 살충제를 뿌리면 죽지 않는 거죠. 그러나 많은 양을 뿌리면 결국 죽습니다.

세스코는 "인체에 직접적인 유해 수준은 아니지만 살충제 자체가 화학약품이기에 꼽등이를 죽이기 위해 과량 사용하는 것보다는 출입문 하단 또는 베란다 창문 틈새 등을 철저히 막는 시설 보완을 실시하고 꼽등이가 주로 나타나는 장소에 끈끈이 트랩 등을 설치하는 물리적 방법을 통해 제어하는 것이 효과적"이라고 말합니다.

집먼지진드기와 알레르기

아침마다 콧물과 재채기 때문에 시달리는 사람이 제법 많습니다. 어린이 중에도 많은데, 알레르기성 비염 환자의 전형적인 증상입니다. 우리나라의 알레르기성 비염 대부분은 집먼지진드기가 증상을 유발하는 것으로 알려져 있습니다.

집 안에 기침을 하는 어린이가 있으면 가습기를 틀어 습도를 높게 유지하려 하는데, 원인별로 처방을 달리해야 합니다. 만일 감기가 아닌 집먼지진드기로 인한 알레르기성 비염이라면 습도를 높이기보다 오히려 습도를 낮추는 쪽이 증상을 개선하는 데 도움이 됩니다.

집먼지진드기는 체중의 70~80%가 수분인데 물을 직접 섭취할 수 없고 대기 중의 수분을 피부를 통해 흡수합니다. 따라서 습도를 낮게 유지하면 집먼지진드기가 번식할 수 없습니다. 침구를 주기적으로 세탁하거나, 세탁이 어렵다면 햇볕에 말리고 탈탈 털어주는 것도 집먼지진드기를 효과적으로 제거하는 방법입니다. 저도 이 방법으로 딸 아이의 집먼지진드기 알레르기 증상을 많이 개선했습니다.

20. 음식물쓰레기를 부탁해

키워드: 일반화의 오류

대형 사고입니다. 수박 껍질을 음식물쓰레기 배출구로 버렸다가 막혔습니다. 제가 지금 세 들어 살고 있는 집은 지은 지 3년 된 새 아파트입니다. 이 아파트는 부엌에 음식물쓰레기 투입구가 있습니다. 여기에다가 '음식물쓰레기'를 버리고 뚜껑을 닫으면 진공청소기처럼 빨려 내려갑니다. 좀 신기합니다. 늘 하던 대로 부채꼴 모양으로 수박을 잘라서 먹었습니다. 그리고 별 생각없이 수박 껍질을 음식물쓰레기 투입구에 넣었는데 막혔습니다. A/S를 신청했더니 이틀 뒤 기사분이 와서는 장례식장에서 신발을 정리할 때 쓰는 목이 긴 집게를 이용해 기계 속에 걸려 있던 수박 껍질을 꺼냈습니다. 더 깊숙이 내려갔다면 우리 집만의 문제가 아니라 동 전체의 음식물 분리배출 시스템을 정지시키고 작업할 뻔했다고 말해주셨습니다. 굉장한 민폐를 끼칠 뻔한 아찔한 순간이었던 거죠. 그 뒤 우리 가족은 수박을 먹은 뒤에는 수박 껍질을 1~2cm 정도 크기로 잘게 잘라서 버립니다. 알아야 할 게 더 늘었습니다.

쓰레기 처리가 잘못돼도 모두가 고통받는다

얼마 뒤 스피커에서 아파트 공지 방송이 나왔습니다. 옥수수 껍질과 고구마 줄기를 대량으로 버린 세대가 있어 아파트 외부에 설치된 공용 '음식물쓰레기 처리 시스템'이 고장 났다는 내용이었습니다. 이 공용 시스템은 개별 세대에 설치된 투입구보다 덩치가 크고 분쇄기가 설치돼 있어 큰 음식물쓰레기를 버려도 갈려서 내려가는 장치입니다. 그런데 어느 이웃이 고향집에서 보내온, 또는 주말농장에서 직접 수확한 옥수수를 손질한 모양입니다. 음식물쓰레기 투입구에 분쇄기가 감당하지 못할 정도의 옥수수 껍질을 넣었고 결국 기계가 멈췄습니다. 이틀 동안 해당 동은 공용 투입구를 사용하지 못했습니다.

이 두 건의 '음식물쓰레기' 사건으로 깨달음을 얻었습니다. 음식물쓰레기를 버릴 때 좀 더 책임감을 가져야겠다는 깨달음입니다. 내가 음식물쓰레기를 함부로 버리면 이웃에게 고통을 줄 수도 있기 때문이죠.

표준이 꼭 맞는 건 아니다

서울시는 2022년 3월 24일, 음식물쓰레기 분리배출 표준안을 연내 시행하기로 했다고 밝혔습니다. 자치구별로 제각각인 분리배출 기준을 통일해 시민의 혼선과 불편을 해소하기 위해서라고 하는데요, 조금 이상합니다. 양파 껍질은 음식물쓰레기로 버리면 안 된다고 하네요. 우리집 음식물쓰레기를 담당하는 책임자로서 팩트체크 파워가 발동됩니다. 이건 반드시 체크해야 돼!

서울시 음식물쓰레기 분리배출 표준안 보도자료. (2022.3.24)

서울시가 발표한 '음식물쓰레기 분리배출 표준안'의 취지는 지금까지 자치구별로 달리 실시해 온 음식물쓰레기 분리배출 방법에 대한 통일된 기준을 만들겠다는 것입니다. 기계 설비의 고장을 일으키거나 자원 재활용이 불가능하기 때문이라는 설명도 덧붙였습니다. 서울시가 음식물쓰레기로 버려선 안 된다고 안내하는 품목은 어패류 껍데기, 딱딱한 과일의 껍질과 씨앗, 육류·생선류의 뼈, 알 껍질, 양파 껍질, 채소 뿌리, 일회용 티백, 커피 찌꺼기 등입니다. 이런 것들은 음식물쓰레기 처리 공정에서 기계 고장을 일으키거나 퇴비, 사료 등 음식물쓰레기 재활용 제품의 품질을 떨어뜨릴 우려가 있다고 합니다.

양파 껍질과 채소 뿌리는 왜 음식물쓰레기로 버리면 안 될까요? 딱딱하지도 않고, 동물이 먹을 수 없는 것도 아니고, 썩지 않아 퇴비로 만들 수 없는 것도 아닌데 말이죠. 바삭바삭 부서지는 양파 껍질이 기계 고장을 일으킬 것 같지는 않습니다. 양파 먹인 돼지고기도 출시되는 마당에 양파 껍질이 들어간다고 사료 품질에 영향을 줄 것 같지도 않습니다. 썩어서 흙으로 돌아가는 양파 껍질이 들어간다고 퇴비에 문제가 생길 것 같지도 않고요. 음식물쓰레기를 발효시켜 가스를 뽑아내는 바이오가스화 시설에도 양파 껍질은 전혀 장애를 주지 않을 것 같습니다. 그런데 보도자료에는 "시설별 처리가 어려운 품목에 대한 사전 조사 결과를 반영했다"라고 적혀 있습니다.

양파 껍질은 도대체 왜 안 돼?

여러모로 이해가 가지 않을 때는 직접 물어보는 게 최고입니다.

그래서 서울시에 전화를 걸었습니다. 사전 조사 결과를 공개해달라고 요청했지만 서울시 관계자는 공개 대신 얼버무리기를 선택했습니다. 전수조사, 설문 분석 등 공개할 만한 체계적인 조사 결과가 없는 게 확실해 보였습니다. 서울시 관계자는 "환경부의 가이드라인을 참조해 음식물쓰레기로 버리면 안 되는 품목을 정리했다"라고 말했습니다.

이건 공무원들이 자주 써먹는 '떠넘기기 수법'입니다. "나는 잘 모르고, 상급기관 지침을 따라서 했을 뿐이다"라며 책임을 다른 곳으로 떠넘기는 거죠. 이럴 때는 떠넘기는 곳을 따라 계속 알아보면 근원을 찾을 수 있습니다. 다만, 시간이 굉장히 오래 걸리고 스트레스 지수가 높아지는 부작용이 있습니다. 가끔 10차례 정도 전화를 바꾸고 바꾸다가 다시 처음 연결해줬던 그 공무원한테로 돌아가는 일도 생깁니다. 참을 인자 많이 새겨야 합니다.

서울시가 환경부로 떠넘겼으니까 환경부에도 물어봤습니다. 왜 양파 껍질을 음식물쓰레기로 버리면 안 되는 건지요? 환경부 담당자는 "2000년대 초반에 만들어져 내려온 가이드라인이라 현 실태를 반영하지 못하는 부분이 있다"라고 인정했습니다. 이 담당자는 현행 음식물쓰레기 분리배출 제도가 한계에 봉착한 시점이라며 사료화 중심의 정책 방향을 바이오가스화로 전환하는 과도기에서 혼선이 빚어지고 있는 것이라고 말했습니다.

단지 양파 껍질을 음식물쓰레기로 버리면 안 되는 이유를 물었을 뿐인데 돌아오는 대답이 사뭇 거대합니다. 그래도 두려움 없이 알아봤습니다. 음식물쓰레기 버리기는 중요한 일이니까요.

음식물쓰레기는 동물 사료?

본격적으로 음식물쓰레기를 일반쓰레기와 분리해 따로 버리기 시작한 시기는 2005년입니다. 1995년 쓰레기종량제가 실시되면서 분리배출이 늘어남에 따라 수도권매립지로 반입되는 쓰레기의 총량이 줄었습니다. 이에 따라 음식물쓰레기 양이 차지하는 비중이 커지면서 침출수 문제가 불거지고 수도권매립지 인근 지역 주민들이 음식물쓰레기 매립지 반입 거부 운동을 펼쳤습니다. 음식물쓰레기를 곧바로 땅에 묻으면 수분이 빠져나옵니다. 이를 침출수라고 부르는데, 이게 지하수를 오염시키고 악취를 발생시킵니다. 이런 이유로 환경부, 서울시, 경기도, 인천시, 수도권매립지관리공사는 2005년 1월 1일부터 수도권매립지에 음식물쓰레기를 곧바로 매립할 수 없다는 데에 합의했습니다.

당시 정부는 따로 모은 음식물쓰레기의 처리 방안을 궁리하다 사료화에 초점을 맞췄습니다. 그때는 사람이 먹고 남긴 잔반을 가축에게 주는 걸 당연하게 여겼기 때문입니다. 그 결과 사료를 만드는 데 필요한 최적의 원료를 공급하는 방향으로 음식물쓰레기 분리배출 요령을 만들게 된 거죠. 음식물쓰레기로 버릴 수 있는지 판단하는 기준은 '동물이 먹을 수 있는가'였습니다. 여기서 동물은 돼지,

개, 가금류(닭, 오리 등)를 뜻합니다. 광우병 우려 탓에 음식물쓰레기 재활용 사료는 소, 양, 사슴 등 반추동물에는 공급되지 않았습니다. 현재는 아프리카돼지열병(ASF) 우려로 음식물쓰레기 재활용 사료가 돼지 농장으로 가는 길이 막혔습니다. 닭, 오리 등 가금류 사료로도 일부 제공됐지만 음식물쓰레기 재활용 사료의 수분 함량 등 먹이 특성이 가금류와 맞지 않는다는 현장의 불만이 커 대량으로 소비되지는 않는다고 합니다.

사료화, 퇴비화, 바이오에너지화

현재 음식물쓰레기로 만든 사료 일부는 식용 개 사육 농장으로 가고 나머지 대부분은 파리 사촌인 동애등에를 사육하는 데 쓰인다고 합니다. 음식물쓰레기로 만든 사료로 곤충을 키우고, 이 곤충이 양어장 또는 양계장으로 가는 셈이죠. 동애등에 애벌레(구더기) 기름을 짜서 비료로 만들기도 합니다. 음식물쓰레기를 발효시켜 메탄가스를 추출하는 바이오가스화 시설도 늘어나는 추세입니다.

예전에는 사료화를 염두에 두고 음식물쓰레기 분리배출 제도를 설계했기 때문에 흙이 묻은 것, 섬유질이 많은 것 등은 사료 품질을 낮출 수 있다는 우려에서 일반쓰레기로 버리도록 했습니다. 사료화의 비중이 미미한 요즘 추세와는 맞지 않습니다. 양파 껍질이 들어간 사료를 동애등에가 먹지 못할 이유가 전혀 없습니다.

가정과 식당 등에서 배출된 음식물쓰레기는 수거된 뒤 처리장으로 옮겨집니다. 이곳에선 봉투를 뜯고 잘게 부순 뒤 사료화, 퇴비화, 바이오가스화에 맞지 않은 것들을 골라냅니다. 처리 업체의 말을 들어보면 아직도 온갖 것들이 음식물쓰레기에 섞여 처리장으로 들어온다고 하네요. 음식물쓰레기가 아닌 것이 섞여 들면 처리장 기계가 고장 나기도 합니다. 대표적인 게 비닐봉지와 칼, 수저 등 철제 물건입니다. 비닐봉지는 기계에 얽히면서 공정을 멈추는 일이 잦고, 철물은 기계에 끼어 고장을 일으킵니다. 이런 걸 왜 음식물쓰레기에 섞어 버리는지 이해할 수 없는 분도 계시겠지만 인간은 실수하는 동물입니다. 그리고 이런 실수는 굉장히 자주 일어납니다.

서울시는 음식물쓰레기 중 동물 뼈, 조개(패각류) 껍데기, 채소 뿌리와 대(마늘대, 고춧대 등) 등을 재활용 설비 고장의 원인으로 지목합니다. 이 항목에 양파 껍질도 포함돼 있다고 추정할 수 있습니다. 이어 통무, 통배추, 통호박 등 부피가 큰 채소 및 대파 껍질은 잘게 자른 후 배출하도록 권고합니다. 부피가 크거나 길이가 긴 상태로 배출하면 기계 고장을 일으킬 수 있기 때문이라고 합니다.

과연 그런지 복수의 음식물쓰레기 처리 시설에 물었습니다. 바이오가스화 시설을 운영하고 있는 A업체 관계자는 플라스틱 재질의 양파망이 기계에 엉켜 고장을 일으키는 경우는 있다면서도 "양파 껍질이 기계 고장을 일으킨 경우를 본 적도 없고 기계 고장을 일으킬 가능성도 없다고 생각한다"라고 답했습니다. 퇴비화 시설을 운영하는 B업체 관계자는 여태껏 기계 고장을 일으킨 것은 대부분

젓가락, 칼 등 쇠로 된 물체였지만 섬유질이 많은 질긴 것들이 한꺼번에 많이 몰려들어 기계에 끼이면 고장 가능성이 있다고 말했습니다. 가정에서 버리는 정도의 소량이라면 기계에 큰 무리를 줄 정도는 아니라는 게 현장 관계자의 한결같은 목소리입니다.

사료화에서 벗어나야 한다

서울과학기술대학교 환경공학과 배재근 교수(폐기물처리 및 자원화 전공)는 현재 음식물쓰레기 재활용이 사료화에 맞춰져 있다며 비료화로 초점을 옮겨야 한다고 주장합니다. 일반 가정에서 상한 음식을 음식물쓰레기로 배출하는 관행에 비춰보면 음식물쓰레기로 만든 사료를 동물에게 주는 것이 윤리적이냐는 문제도 뒤따릅니다. 배 교수는 "급식소, 대형 식당 등 상하지 않은 양질의 음식물쓰레기가 배출되는 사업장을 묶어 사료용 원료 공급처로 관리하고 일반 가정 등에서 나오는 음식물쓰레기는 퇴비화를 전제로 관리하는 것이 타당하다"라고 말합니다.

퇴비화를 전제로 음식물쓰레기를 관리하면 기계를 고장 낼 우려가 없는 것 가운데 흙으로 돌아갈 수 있는 모든 것을 음식물쓰레기로 버릴 수 있게 됩니다. 독일과 일본에선 생물 유래 쓰레기(bio waste)라는 분류로 음식물쓰레기와 나뭇가지 등 썩는 쓰레기를 분리 배출해 퇴비화하고 있다고 배 교수는 설명했습니다.

음식물쓰레기는 2019년 집계에 의하면 기준 퇴비(39.1%), 사료

(36.2%), 바이오가스(12.7%) 순으로 재활용됩니다. 그러나 이 통계는 음식물쓰레기를 처리한 시설의 처리 방법을 기준으로 집계한 것이기 때문에 최종 산물이 어떻게 쓰이는지는 알 수 없습니다. 사료화 시설에서 사료로 만들어진 음식물쓰레기 재활용 산물이 사료가 아닌 퇴비로 사용되는 경우가 굉장히 많다는 지적도 있습니다. 음식물쓰레기 재활용 행정이 실태를 반영하려면 통계부터 제대로 산출해야 할 것입니다.

각 지역마다 처리 방식이 다르다

우리가 버리는 음식물쓰레기는 수거 업체에 따라 처리 방식이 제각각입니다. 우리 동네에서 버려지는 음식물쓰레기가 퇴비로 만들어지는지, 사료로 만들어지는지, 바이오가스로 만들어지는지에 따라 버려선 안 될 유형이 달라집니다. 퇴비화 지역이라면 상한 음식을 버려도 되고, 캡사이신이 함유된 고추씨를 버려도 무방합니다. 흙이 묻은 파뿌리 등을 버려도 상관없습니다. 사료화 지역이라면 상한 음식과 흙이 묻는 것은 음식물쓰레기로 배출하지 않는 편이 좋습니다.

그러나 서울시의 표준안은 지역별로 다른 음식물쓰레기 처리 방법을 반영하지 못하는 맹점이 있습니다. 처리 업체의 기계를 고장 낼 우려가 큰 종류를 재확인한다는 점 이외에는 음식물쓰레기의 효율적인 처리에는 큰 도움이 안 되는 거죠. 오히려 앞서 살펴봤듯이 지역별로 다양한 음식물쓰레기 처리 특성을 반영하지 못해 주민들이 헛수고할 가능성도 큽니다. 차라리 지역마다 배출한 음식물쓰레기가 어떤 방식으로 처리되고 그에 맞는 배출 방법은 무엇인지 알려주는 정책이 더 필요해 보입니다. 음식물쓰레기 배출 방법을 표준화하기 전에 지자체에 따라, 수거 업체에 따라 다른 음식물쓰레기 처리 방식을 표준화하는 노력이 선행돼야 할 것입니다.

2021년 음식물류 폐기물 처리시설 설치 운영 현황(2021.12.31.기준)

연번	시도	시군구	소재지	공공/민간	시설용량(톤/	처리방법	처리량(톤/년)	비고
					23,799		5,055,773	
1	서울시	동대문구	서울시 동대문구 청계천로 563	공공	98	. 바이오가스화	27,520	
2	서울시	송파구	서울시 송파구 헌릉로 793	공공	515	. 사료화(건식)	126,553	
3	서울시	도봉구	도봉구 도봉로 969	공공	150	. 사료화(건식)	24,981	
4	서울시	강동구	서울시 강동구 아리수로87가길 275	공공	360	. 사료화(건식)	89,355	
5	부산시	동래구	동래구 온천천남로 185	공공	120	. 기타(감량화, 탈수, 파쇄 등)	18,736	
6	부산시	강서구	강서구 생곡산단로 76	공공	200	. 바이오가스화	42,466	
7	부산시	해운대구	해운대구 수영강변대로626	공공	80	. 기타(감량화, 탈수, 파쇄 등)	7,506	
8	부산시	사상구	사상구 농산물시장로9	민간	64	. 기타(감량화, 탈수, 파쇄 등)	8,768	
9	부산시	강서구	강서구 녹산산단381로 12번길 8	민간	250	. 사료화(건식)	47,447	
10	부산시	강서구	강서구 녹산산업북로 465	민간	210	. 사료화(습식)	45,486	
11	부산시	강서구	강서구 녹산산업북로 465	민간	210	. 퇴비화		[illegible]
12	부산시	기장군	기장군 정관읍 산단로 642	민간	200	. 기타(감량화, 탈수, 파쇄 등)	46,099	
13	부산시	기장군	기장군 정관읍 산단7로 92-34	민간	81	. 기타(감량화, 탈수, 파쇄 등)	29,110	
14	인천시	미추홀구	미추홀구염전로165번길 16(도화동)	민간	200	. 사료화(습식)	60,000	
15	인천시	연수구	연수구 인천신항대로 892번길 50	공공	200	. 사료화(건식)	40,157	
16	인천시	남동구	남동구 앵고개로 488	공공	150	. 사료화(건식)	28,210	
17	인천시	서구	서구 로봇랜드로 249번길 38	공공	100	. 사료화(건식)	20,357	

2021년 음식물류 폐기물 처리 시설 설치 운영 현황, 환경부

내 지역을 먼저 알아보자

내가 버린 음식물쓰레기가 어떤 방식으로 처리되는지 알아보는 가장 확실한 방법은 지자체 청소 행정 담당자에 문의하는 것입니다. 제가 살고 있는 곳의 지자체에 문의해보니 음식물쓰레기는 '건조 후 소각' 방식으로 처리되고 있었습니다. 음식물쓰레기 처리 시

설의 기계를 고장 내지 않을 정도라면 어떤 종류라도 버릴 수 있는 곳입니다. 사료화에 방해되기 때문에, 또는 퇴비화에 방해되기 때문에 이런 종류는 버리지 말아달라는 정책은 제가 살고 있는 곳의 현실과는 맞지 않습니다. 제가 버린 음식물쓰레기가 사료나 퇴비가 되지 않기 때문입니다.

뜻있는 개발자분이 나서서 주소만 입력하면 내가 버린 음식물쓰레기가 어떻게 처리되고 있는지, 또 그에 맞는 음식물쓰레기 분리배출 방법은 무엇인지까지 알려주는 앱을 만들면 어떨까 합니다. 코로나19 발병 초기 '코로나라이브'라는 앱이 일일 확진자 수를 정부 공식 발표보다 먼저 알려주며 상황 전파에 혁혁한 공을 세웠던 것처럼 말이죠.

우리는 내가 살고 있는 곳의 음식물쓰레기 분리배출 방식에 대해 생각하는 기회를 가졌습니다. 내가 버린 음식물쓰레기는 최종적으로 어떻게 재활용되고 있으며 그에 맞는 배출 방법은 무엇인지, 음식물쓰레기로 버려선 안 되는 것들은 무엇인지 확인했다면 당신은 지구를 살리는 데 큰 공을 세운 똑똑한 초록 지구인입니다.

21. 논란이 있을 때는 '사전주의 원칙'

키워드: 사전주의 원칙

목걸이 선풍기에서 나오는 전자파가 위험하다는 시민단체의 발표가 있었습니다. 정부는 즉각 안전하다고 반박했지만 시민단체와 정부의 반박과 재반박이 이어졌습니다. 시민들은 도대체 안전하다는 건지 위험하다는 건지 헷갈립니다. 그래서 진득하게 알아봤습니다. 결론부터 말씀드리자면 전자파의 인체 유해성은 학계에서도 아직 속 시원하게 결론을 내리지 못했다고 이야기할 수 있습니다. 그렇지만 확정되지 않은 잠재적 위험이라도 최대한 회피하는 것이 좋다는 '사전주의 원칙'을 알아두는 것이 좋습니다. 이에 따라 임산부, 노약자, 어린이 등 취약 계층은 전자파 노출을 가급적 줄이는 편이 현명한 선택이라고 저는 잠정 결론 내렸습니다.

결론 없는 논란들

2018년 손선풍기 전자파 논란에 이어 2022년 여름에는 목걸이 선풍기 전자파 논란이 불거졌습니다. 두 건 모두 비슷한 전개입니다. 시민단체인 환경보건시민센터가 시중에서 판매되는 제품을 수거해 전자파 측정 결과를 발표했는데, 정부는 기준치를 넘지 않아 괜찮다는 입장을 반복한 것이죠.

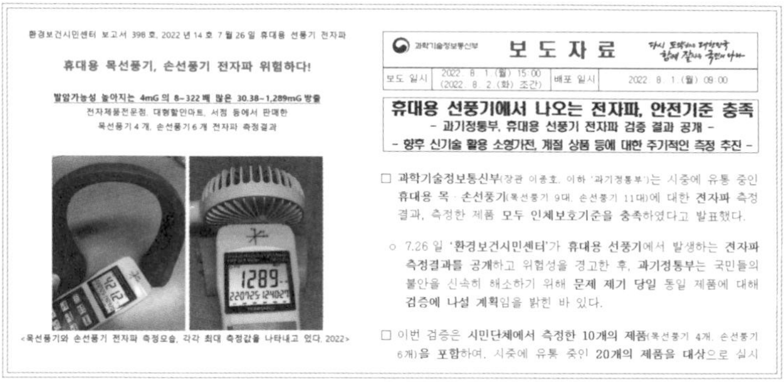

환경보건시민센터 보고서 398 호, 2022 년 14 호 7 월 26 일 휴대용 선풍기 전자파

휴대용 목선풍기, 손선풍기 전자파 위험하다!

발암가능성 높아지는 4mG 의 8~322 배 많은 30.38~1,289mG 방출

전자제품전문점, 대형할인마트, 서점 등에서 판매한

목선풍기 4 개, 손선풍기 6 개 전자파 측정결과

<목선풍기와 손선풍기 전자파 측정모습, 각각 최대 측정값을 나타내고 있다. 2022>

과학기술정보통신부

보 도 자 료

보도 일시	2022. 8. 1.(월) 15:00 (2022. 8. 2.(화) 조간)	배포 일시	2022. 8. 1.(월) 09:00

휴대용 선풍기에서 나오는 전자파, 안전기준 충족

- 과기정통부, 휴대용 선풍기 전자파 검증 결과 공개 -

- 향후 신기술 활용 소형가전, 계절 상품 등에 대한 주기적인 측정 추진 -

□ **과학기술정보통신부**(장관 이종호, 이하 '과기정통부')는 시중에 유통 중인 **휴대용 목·손선풍기**(목선풍기 9대, 손선풍기 11대)에 대한 **전자파** 측정 결과, 측정한 제품 **모두 인체보호기준을 충족**하였다고 발표했다.

○ 7.26 일 **'환경보건시민센터'**가 **휴대용 선풍기**에서 발생하는 **전자파 측정결과를 공개**하고 위험성을 경고한 후, **과기정통부**는 국민들의 불안을 신속히 해소하기 위해 **문제 제기 당일** 동일 제품에 대해 **검증에 나설 계획**임을 밝힌 바 있다.

□ 이번 검증은 **시민단체에서 측정한 10개의 제품**(목선풍기 4개, 손선풍기 6개)을 **포함**하여, 시중에 유통 중인 **20개의 제품을 대상**으로 실시

시판되는 목걸이 선풍기의 전자파 방출 수준이 위험하다는 환경보건시민센터의 보고서(왼쪽)와 이를 반박하는 정부의 보도자료(오른쪽)

환경보건시민센터는 2022년 7월 26일 '휴대용 선풍기 전자파'라는 보고서를 발표했습니다. 시민센터는 시중에서 판매되는 목걸이형 선풍기 4개와 손선풍기 6개를 구입해 제품별, 이격거리별 전자파 수준을 측정했습니다. 그 결과 4종류의 목걸이형 선풍기에서 평균 188.77mG(밀리가우스), 30.38~421.20mG의 전자파가 측정됐습니다. 이 평균값을 두고 시민센터는 발암 위험을 높일 수 있는 전

자파 수치(세계보건기구 기준)인 4mG의 47배라고 의미를 부여했습니다. 가장 높은 수치는 421.20mG로 105배에 달한다고 강조했습니다.

송전선과 가전제품에서 나오는 전자파는 극저주파(ELF: Extremely Low Frequency)로 분류됩니다. 세계보건기구 산하 국제암연구소는 극저주파를 발암물질 2B군으로 지정했습니다. '암 유발 가능 그룹' 입니다. 인체에 암을 일으킨다는 제한적인 증거가 존재하고, 동물실험에서는 발암성에 대한 충분한 증거가 부족할 때 이 그룹으로 분류합니다. 고압송전로 전자파 때문에 소아백혈병이 유발된다는 기존 역학조사 결과가 극저주파를 발암물질로 지정하는 결정적 근거가 됐습니다.

고압송전선로의 전자파에 노출되는 정도와 소아백혈병과의 관련성은 1979년에 첫 보고된 이후 지속적으로 확인됐습니다. 특히 기존 연구를 모아 종합 평가한(pooled analyses) 보고서 2개가 중요한 판단 근거가 됐습니다. 하나는 9개의 잘 연구된 보고를 종합한 것으로, 4mG를 기준으로 낮은 강도에선 위험도가 증가하지 않았지만 그 이상 노출되면 위험도가 2배를 넘었습니다. 15개의 연구를 종합한 다른 하나는 3mG 이상 노출 시 상대위험도(노출군과 비노출군의 질병 발생 비율)가 1.7배 증가한다고 평가했습니다. 이런 이유로 시민센터는 극저주파 노출 기준을 4mG로 강화해야 한다고 주장했습니다.

우리나라 정부에서 전자파를 담당하는 과학기술정보통신부(과기부)는 즉각 〈휴대용 선풍기에서 나오는 전자파, 안전기준 충족〉이라는 보도자료를 내고 반박했습니다. 과기부는 2022년 8월 1일 시중에 유통 중인 휴대용 선풍기(목선풍기 9대, 손선풍기 11대)에 대해 전자파를 측정했습니다. 과기부는 측정 결과 휴대용 목·손 선풍기에서 발생하는 전자파는 국제적으로 권고된 인체 보호 기준의 37~2.2% 수준이므로 인체에 안전한 것으로 확인됐다고 밝혔습니다.

시민센터에서 적용한 기준은 주파수 구분 없이 4mG 이상으로, 정부는 60Hz 주파수 기준 833mG 이상으로 보고 있습니다. 정부가 준용하는 전자파 인체 보호 기준은 국제비전리복사보호위원회(ICNIRP)가 만든 것입니다. 정부는 이 기준이 세계보건기구의 권고에 따라 대부분 국가에서 채택하고 있는 기준이라고 강조합니다.

정부 발표를 다른 나라 기준과 비교하면

다른 나라는 어떤 기준을 따르고 있을까요? 정부는 '대부분 국가에서 국제비전리복사보호위원회의 기준을 채택하고 있다'고 보도자료를 통해 밝혔습니다. 반면, 시민단체와 학계는 "우리나라처럼 국제비전리복사보호위원회 참고 기준 자체를 만성 질병 위험 평가 기준으로 사용하는 나라는 문헌에서조차 찾아볼 수 없다"라고 주장합니다. 누구 말이 맞을까요?

국립전파연구원이 2016년 12월 발간한 〈전자파 인체 안전 이슈 조사 연구〉를 살펴보겠습니다. 대부분의 국가는 국제비전리복사보호위원회 기준과 동일하게 적용하고 있고 더 강하게 적용하는 국가도 있는데 스위스, 벨기에, 이탈리아, 그리스 등이 그렇습니다. 독자적으로 기준을 정한 국가도 있는데요, 러시아, 중국, 일본, 미국 등이 해당됩니다. 특히 일본은 국제비전리복사보호위원회 기준치보다 완화된 기준을 적용하고 있으며 미국은 국제전기전자공학회(IEEE) 기준을 적용하고 있습니다.

이런 내용은 네덜란드 국립공중보건환경연구원이 펴낸《세계의 전자기파 정책 비교 보고서》에서도 확인할 수 있습니다. 벨기에, 크로아티아, 이탈리아, 리투아니아, 폴란드, 슬로베니아, 러시아, 스위스 등은 국제비전리복사보호위원회 기준보다 강화된 기준을 갖고 있는 것으로 나타났습니다. 나머지 대부분은 국제비전리복사보호위원회 기준을 따르고 있습니다.

그러나 환경보건 시민단체와 학계의 주장은 '국제비전리복사보호위원회 참고 기준 자체를 만성 질병 위험 평가 기준으로 사용하는 나라는 없다'는 것입니다. 한국방송통신대학교 환경보건학과 박동욱 교수 등은 2018년 10월 한국환경보건학회지에 〈휴대용 손선풍기의 극저주파 자기장 발생 수준 평가와 쟁점 고찰〉이라는 논문을 발표했습니다. 논문의 내용을 잠시 살펴보겠습니다.

국제비전리복사보호위원회 참고 기준은 최고치로서 어떤 순간이라도 넘어서는 안 된다는 뜻이다. 이 기준은 짧은 시간 신경과 근육 자극, 망막에서의 섬광, 그리고 중추신경계 신경세포 활성에서 변화와 같은 급성 영향을 예방하기 위한 기준이기 때문이다. 또한 이는 안전계수를 5까지 고려해 설정한 한계값으로, 중대한 건강 영향을 예방하기 위한 기준이다. 이 기준은 호르몬 영향, 인체 항상성 교란 등에 장기간 노출되어 일어나는 암 등 만성 질병 위험을 평가하는 기준으로 적용할 수 없으며, 평균하거나 누적해서 평가할 수 없다.

서로가 상반되는 이야기를 하는 것이 아니라 서로 다른 이야기를 하고 있는 상황인 겁니다. 정부는 전자파 관련 국제기구의 가이드라인을 '인체 보호 기준'으로 준용하고 있습니다. 그러나 시민단체와 학계는 전자파의 발암 가능성에 주목해 만성적으로 건강에 영향을 주는 결과를 피하려면 기준을 강화해야 한다고 주장하는 것입니다.

국제기구들은 어떤 입장일까요? 국제비전리복사보호위원회는 2010년 가이드라인에서 이렇게 밝혔습니다. "역학 연구는 일일 만성 저강도(0.3~0.4T 또는 그 이상) 전력 주파수 자기장 노출이 소아 백혈병 위험 증가와 관련이 있다는 것을 일관되게 발견했다. 국제암연구소는 이런 영역을 발암 가능성이 있다고 분류했다. 그러나 자기장과 소아 백혈병 사이의 인과관계는 확립되지 않았으며, 다른 장기적 영향은 확립되지 않았다. 확립된 인과관계가 없다는 것은 이 영향(소아 백혈병 위험 증가: 편집자 주)이 근본적인 제한 사항에서 다루어질 수 없다는 것을 의미한다."

극저주파와 관련해 세계보건기구는 다음과 같이 제안합니다.

정책 입안자는 일반 대중과 근로자 모두를 위한 극저주파 현장 노출에 대한 지침을 수립해야 한다. 노출 수준과 과학적 검토 원칙 모두에 대한 최선의 지침은 국제 지침이다.

▶ 정책 입안자는 모든 발생원의 현장 측정을 포함하는 극저주파 보호 프로그램을 수립하여 일반 대중이나 근로자에 대한 피폭 한도가 초과하지 않도록 해야 한다.

▶ 전력의 건강, 사회 및 경제적 이익이 훼손되지 않는 한, 노출을 줄이기 위한 초저비용 예방 절차를 구현하는 것이 합리적이고 타당하다.

▶ 정책입안자들과 지역사회 계획자들은 새로운 시설을 건설하고 가전제품을 포함한 새로운 장비를 설계할 때 매우 저비용의 조치를 시행해야 한다.

▶ 장비나 기기에 대한 극저주파 노출을 줄이기 위한 엔지니어링 관행의 변경은 안전성 향상과 같은 기타 추가 이점을 제공하거나 비용이 거의 또는 전혀 들지 않는 경우에 고려되어야 한다.

우리가 지켜야 할 기준은?

극저주파의 만성 건강 영향에 대해서는 인과관계가 확정되지 않았다고 보는 시각이 우세합니다. 이런 맥락에서 극저주파에 대한 우려보다 전력 사용의 이익을 더 높이 평가하고 있는 것이죠.

반면 시민단체와 학계에서는 위해성을 아직 모르는 상황이기 때문에 미리 조심해야 할 필요가 있다고 주장합니다. 박동욱 교수는 "피해 사례가 많아지고 과학적 조사 방법이 더해지면서 결국은 건강 위험이 확실하게 드러난 사례는 매우 많다. 담배, DDT(Dichloro-Diphenyl-Trichloroethane), 석면, 벤젠, 납 등 대부분 인체 발암 인자들이 그렇다"라고 경고했습니다.

어린이와 임산부, 노인 등 건강 취약 계층은 더 조심해야 합니다. 2003년 이탈리아는 극저주파 자기장에 관한 두 가지 기준을 세웠습니다. 50Hz 주파수를 바탕으로 주의 기준(attention value)을 국제비전리복사보호위원회 참고 기준의 10%인 100mG로 설정하고 어린이 놀이 시설, 학교, 주거지 등 특별 장소와 하루 4시간 이상 극저주파 자기장에 노출되는 기존 시설에 적용했습니다. 제한적 목표 기준(restrictive quality goals)은 30mG로 설정하고 새 건물과 시설 등에 적용했습니다.

스위스는 가장 엄격한 전자파 인체 보호 기준을 적용하는 나라입니다. 극저주파 자기장이 10mG가 넘는 지역에 유치원, 초등학교, 병원과 같은 민감 시설이 신설되지 않도록 관리합니다. 네덜란드와 덴마크는 극저주파 자기장이 4mG가 넘는 곳에 학교 등 어린이가 상당 시간 머무르는 시설을 신설하지 않도록 지자체에 권고하고 있습니다.

우리나라 국회입법조사처의 보고서를 살펴보겠습니다. 2015년 2월 국회입법조사처가 펴낸 《이슈와 논점》에는 〈전자파 인체보호 기준의 현황과 개선 과제〉라는 글이 실렸습니다. 이동영 입법조사관보는 "정부는 사전주의적 접근 방법에 따라 전자파의 인체 위해성에 대한 과학적 증거를 더 찾고, 연구 프로그램을 지원하며, 취약계층에 대해서는 보다 강화된 기준을 적용하는 것을 적극 고려할 필요가 있다"라고 제언했습니다.

전자파를 둘러싼 많은 건강 이슈가 제기되고 있습니다. 휴대전화에서 나오는 라디오파(RF)가 뇌종양을 일으킬 확률을 높이는지에 대해서도 연구 결과가 엇갈립니다. 다만, 위험하다는 결과를 내놓은 연구팀이나, 명확한 근거를 발견할 수 없다고 결론을 내리는 연구팀 모두 한 가지 명제에는 동의합니다. 불필요한 노출을 줄이는 것이 좋은 예방적 접근이라는 점입니다.

생활 속 전자파가 인체에 해를 일으키지 않는다는 주장도, 인체에 유해하다는 주장도 아직 시원하게 대중을 설득하지 못합니다. 전자파 영향을 민감하게 받아들이는 사람도 있고 그렇지 않은 사람도 있습니다. 그러나 전기장판에서 나오는 전자파에 민감하게 반응해 온수매트를 구입하는 사람이라면 목걸이 선풍기는 쓰지 않는 편이 좋습니다. 전자파와의 거리 두기가 불가능한 구조이기 때문입니다.

전자파 차단 제품의 쓸모

전자파 이야기가 나왔으니 한마디 덧붙이자면, 집에 전자파 차단 스티커 같은 것을 갖고 계시다면 아무런 쓸모가 없다는 걸 알아두시기 바랍니다. 한때 전자파의 유해성 논란이 불거지면서 전자파 차단 스티커, 전자파 흡수 선인장 등 전자파를 막아준다는 많은 제품이 팔렸습니다. 2016년 소비자원은 시판 중인 전자파 차단 제품 19종을 대상으로 전자파 차단 효과를 측정했습니다. 액정필름, 스티커, 케이스, 파우치, 쿨패드, 이어폰 걸이, 카드 등 휴대전화 관련 제품 11종과, 원뿔·수정 구슬 등 비치형 전자파 차단 제품, 노트북 USB, 침구, 임산부용 담요, 앞치마, 남성용 조끼, 콘센트 필터 등 생활환경 관련 차단 제품 8종을 대상으로 실험했습니다. 결과는 어떻게 됐을까요? 휴대전화 관련 11개 제품 모두 스마트폰의 전자파를 효과적으로 차단하지 못했습니다. 스티커, 쿨패드, 케이스, 카드형 등 제품은 전자파흡수율을 일정 부분 떨어뜨리기는 했지만 안테나 성능까지 떨어뜨리는 것으로 나타났습니다. 휴대폰 송수신 감도가 떨어지면 기기가 자동으로 송신 출력을 높입니다. 이렇게 되면 인체의 전자파 흡수율이 상승해서 전자파 차단 효과가 의미 없는 상태가 됩니다. 배터리 소모가 빨라지는 건 덤이죠. 파우치 1종은 휴대폰을 넣으면 아예 송수신 불능 상태가 되기도 했습니다. 전자파를 차단하겠다면서 통화까지 차단하는 셈입니다. 생활환경 관련 차단 제품도 8종 모두 전자파 차단 효과가 없는 것으로 확인됐습니다. 대부분 제품이 자기장 강도가 오히려 강해진 것으로 측정됐습니다. 전자파 차단 제품을 사용하느니 소비자원이 발표한 '전자파 노출 최소화를 위한 소비자 가이드라인'을 지키는 편이 낫겠습니다.

◈ 휴대폰 사용 가이드라인

- 어린이는 가급적 휴대폰 사용을 자제하도록 한다.
- 통화 시 휴대폰을 얼굴로부터 거리를 두고 사용한다.
- 통화 시간이 길어지는 경우 얼굴의 좌·우측면을 번갈아가며 사용하거나 이어폰 마이크를 사용한다.
- 휴대폰의 안테나 수신 표시가 약한 지역에서의 사용을 자제한다.
  ※ 안테나 성능이 떨어지면 기기가 자동적으로 송신 출력을 높이기 때문에 전자파가 더 많이 발생함.
- 취침 시 머리맡에 스마트폰을 두지 않도록 한다.

◈ 생활 가전제품 사용 가이드라인

- 가전제품 사용 후에는 전원(코드)을 뽑아 접속부와 분리한다.
- 생활 가전제품 사용 시에는 30cm 이상 거리를 유지한다.
  - (전기장판) 장판 위에 담요를 깔고 온도는 낮게 설정한 후 온도 조절기와의 거리는 최대한 멀찍이 둔다.
    ※ 특히 온도조절기와 전원 접속부(코드)는 전기장판보다 전자파가 많이 발생함.
  - (전자레인지) 사용 시 30cm 이상 거리를 유지하고, 특히 제품 작동 후 내부를 들여다보지 않도록 한다.
  - (헤어드라이어) 커버를 분리하여 사용하면 분리 전보다 전자파에 2배 이상 노출되므로 되도록 커버(노즐)를 끼운 상태에서 사용한다.

★ ★ ★ 4부 ★ ★

실습
: 과학 사칭 걸러 내기

사실 전혀 과학적이지 않지만 온갖 복잡한 말로 꾸민 뒤 '과학적'이라는 포장을 덧씌워 말도 안 되는 물건을 팝니다. 이런 현상을 뭐라고 불러야 좋을까요? 비과학, 유사과학, 사이비과학, 정크 사이언스 등 많은 말이 있습니다. 말마다 조금씩 내포하는 의미가 다릅니다. 여기서는 편의에 따라 '과학 사칭'이라고 부르겠습니다. 과학을 사칭하는 주체는 정치인일 수도 있고, 대기업 또는 중소기업일 수도 있습니다. 그들의 목적은 과학적인 것처럼 포장된 말을 사용해 저와 여러분을 속이고, 정치적 이익 또는 경제적 이익을 얻는 것입니다. 가끔은 이익과는 상관없이 그냥 전해져오는 말들도 있습니다. 특수한 사회적 상황에서 '과학적' 설득력을 얻은 내용이 시대가 바뀌고 제반 여건이 달라졌음에도 말만 살아남아 전해져 내려오는 경우죠.

팩트체크 일을 하다 보니 과학을 사칭하는 거짓말에는 어느 정도 유형이 있다는 것을 알게 됐습니다. 이번 기회에 한번 분류해보겠습니다. 적을 알고 나를 알아야 위태롭지 않죠. 일단 적부터 알아보겠습니다.

실생활과는 다른 실험 조건

과학 사칭자는 소비자에게 그럴듯하게 보여줄 거리를 찾습니다. 대표적으로는 정부 공인시험기관의 시험성적입니다. 그게 아니라면 대학 연구소, 사설 연구소 등의 시험성적도 가져다 씁니다. 과학적인 시험 방법이 동원되고 결과도 단위가 복잡해야 합니다. 그래야 사람들이 자세히 살펴보지 않고 믿을 테니까요. 살펴봐봤자 어려운 이야기일 테니 지레 포기하는 사람도 많을 것입니다. 그리고 '이런 결과가 나올 정도로 좋은 것인데 그래도 안 살 테냐'는 식의 의미 부여가 뒤따릅니다. 여기서 굴복하지 않고 이 제품의 시험조건이 어땠는지, 실생활 조건에 부합하는지 따지다 보면 고개를 절레절레 흔들게 됩니다.

앞서 살펴본 바이러스 제거 공기청정기 사례가 여기에 해당됩니다. 15평형으로 출시된 제품이라면 15평 공간에 공기청정기를 놓고 가동 시간에 따라 실내의 바이러스가 얼마나 줄어들었는지를 체크해야 합니다. 그게 아니라면 제대로 된 성능 시험이라고 볼 수 없죠.

남양유업 불가리스도 마찬가지입니다. 남양유업은 발효유인 불가리스를 바이러스 배양 시료에 뿌리고 2시간 동안 접촉시킨 다음 바이러스가 억제되는지를 실험했습니다. 이건 살균제의 효과를 검사하는 방식입니다. 그럼에도 남양유업은 불가리스가 코로나바이러스를 억제한다는 보도자료를 뿌렸습니다.

어떤 과학적 효과가 있다는 제품을 구매할 때는 상품 상세 설명을 꼭 찾아보시기 바랍니다. 그리고 업체가 제품의 효과를 어떤 조건에서 검증했는지 살펴보십시오. 효과를 입증할 자신이 없는 업체는 시험성적서 등의 이미지 파일을 저해상도로 업로드해 세부 내용을 읽지 못하게 하는 수법을 사용합니다. 이런 업체는 과감하게 걸러도 됩니다.

앞서 살펴본 항균필름도 마찬가지입니다. 접촉 시간을 2시간, 6시간, 24시간별로 측정했습니다. 실생활에서 이 항균필름은 코로나바이러스 전파를 억제하는 효과를 거둘 수 있을까요? 지하철 승객이 항균필름이 붙은 손잡이를 2시간에 1명 꼴로 만지지는 않습니다. 우리나라 지하철이 그렇게 한가하지 않습니다. 아파트 엘리베이터라고 쳐도 엘리베이터 버튼을 누르는 사람이 2시간에 1명꼴이라는 것은 상상하기 어렵습니다.

뭔가 근사한 과학적 설명을 하면서 제품을 사라며 누군가가 접근해올 때, 그쪽이 제시하는 근거가 얼마나 실사용 조건을 반영하고 있는지 따져봐야 합니다.

제품의 성능과는 상관없는 지표(수상, 특허, 인증)

12년 연속 ○○ 브랜드 대상, 올해를 빛낸 ○○상 수상, FDA 등록, 특허출원 등을 강조하는 제품은 구매 대상에서 제외하는 편이 낫습니다. 언론사가 주관하는 다수의 브랜드 시상식은 별다른 검증 과정 없이 참가비만 지급하면 상을 받을 수 있습니다. 복수의 언론에서 이런 언론사의 '시상식 장사'를 고발하는 보도를 내보내기도 했습니다. 시상식 외에는 별다른 활동 내역이 없는 시민단체에서 주는 상을 받았다는 업체나 제품도 피하는 것이 좋습니다. 그것 말고는 내세울 만한 점이 없으니까 돈을 주고라도 상을 받아서 홍보 포인트로 사용하는 겁니다. FDA 등록, CE 등록도 장점 없는 회사들이 자주 써먹는 홍보 포인트입니다. 특히 마스크 등 간단한 의료기기는 회사 주소 정도만 있으면 누구라도 등록해 1등급을 받을 수 있습니다. FDA, CE 등록을 과대평가할 이유가 하나도 없습니다. 등록은 말 그대로 해당 지역에 수출하려고 업체 이름을 명단에 올린다는 의미밖에는 없습니다. 의료기기 1등급은 품질이 좋다는 뜻이 아니라 인체에 위해를 끼칠 가능성이 거의 없다는, 단순한 제품 분류 등급입니다.

특허출원을 대대적으로 홍보하는 제품도 있습니다. 그러나 특허청으로부터 특허를 받았을 때 쓰는 단어는 특허 '출원'이 아닌 특허 '등록'입니다. 특허출원은 특허 등록을 하려고 서류를 갖춰 신청한 상태를 말합니다. "내가 이런 물건을 발명했으니 특허를 내주세요"라고 신청했다는 의미밖에는 없는 것이죠. 특허 자체에 큰 의미를 부여할 필요도 없습니다. 특허는 기존에 있는 물건보다 독특하고 진일보한 고유의 기술을 담았다고 인정하는 것이고, 이런 발명에 대한 배타적 소유권을 인정하는 것일 뿐입니다. 특허를 받았다고 효과성과 안전성이 입증됐다고 생각하면 오산입니다. '특허 공개' 결정을 받았다며 홍보하는 제품도 볼 수 있는데 특허 공개는 특허를 출원한 지 1년 6개월이 지나면 자동적으로 특허 내용을 알리는 공보입니다. 특허 심사가 진행되고 있다는 정도로 받아들이면 그만입니다.

정부가 공인하는 시험기관을 통해 시험성적을 받았다고 홍보하는 제품도 많습니다. 그러나 물건의 효능이나 안전성과 직접 관련이 없을 수도 있습니다. 모기 퇴치기를 예로 들면 KC인증을 받았다는 제품이 많습니다. KC인증은 전기용품, 생활용품, 어린이 제품을 대상으로, 해당 제품과 생산 설비 등의 안전성을 인증하는 제도입니다. 제품이 인체에 해로운 영향을 끼치는지를 중점적으로 확인합니다. 모기 퇴치기가 모기를 얼마나 잘 쫓아내는지는 KC인증의 관심사가 아닙니다. 모기 퇴치기에서 발산되는 전자파가 인체보호 기준을 충족하는지, 다른 전파기기의 운용을 방해하는지 정도를 시험할 뿐입니다. 따라서 내가 구입하고자 하는 제품에 어떤 효과를 기대하는지를 명확히 하고 그것에 맞는 인증, 시험성적 등을 갖췄는지를 확인해야 합니다.

안전성도 꼼꼼히 따져야 합니다. 공기 살균기 중 소독약을 공기 중으로 분사하는 제품이 있습니다. 업체는 제품에 사용되는 소독약이 천연 유래 성분이라며 인체에 무해하다고 광고합니다. 그리고 각종 독성 평가를 해놓은 시험성적서를 첨부합니다. 그러나 공기 중에 분사하는 화학제품은 반드시 흡입 독성을 평가해야 합니다. 가습기 살균제 참사가 일어난 이유도 바로 흡입 독성을 제대로 평가하지 않았기 때문입니다. 내가 구매하려는 제품이 내 몸에 영향을 미치는 경로를 잘 파악하고 그에 맞는 안전성을 확보했는지 살펴봐야 합니다.

공포 부추기기(위해성 평가)

'싹이 난 감자는 섭취 불가의 독성 물질'이라고 주장하는 부류입니다. 싹 부분과 초록색으로 변한 부분에 독성 물질이 함유돼 있다면 그 부분을 제거하고 먹으면 그만입니다. 언론은 주목도를 높이려고 자극적인 주제와 제목을 선택합니다. 위험을 과장하고 당장 무슨 일이 일어날 듯이 겁을 줍니다. 일부 악덕 업체는 공포 마케팅을 선호합니다. 그냥 있으면 위험하니까 주머니를 열어서 우리 물건을 사라는 메시지를 끊임없이 던집니다. 그러나 그 물건을 산다고 해서 위험이 해결되지는 않습니다. 애초에 과장된 위험이었기 때문입니다.

예를 들어보겠습니다. 정수기가 왜 대중화됐을까요? 낙동강 페놀 사태 이후 수돗물에 대한 불신이 극에 달하자 정수기 보급이 급증했습니다. 2020년 인천 지역 수돗물에서 깔따구 유충이 나오고, 붉은 물이 나오면서 다시 한번 불신을 자초했습니다. 사실 우리나라 수돗물은 세계적으로 비교해봐도 수질이 좋은 편입니다. 그런데도 우리나라에서 수돗물을 수도꼭지에서 바로 받아 마시는 사람은 5%에 불과합니다.

공기청정기도 마찬가지입니다. 미세먼지 문제가 부각되자 업체들은 공기청정기 판촉에 나섰습니다. 공기청정기 한 대만 들여놓으면 미세먼지 고민이 끝날 것처럼 광고를 쏟아냈죠. 코로나19 팬데믹 시대를 맞고 나서는 '바이러스/유해균 99.9% 제거' 등 미생물 제거 기능으로 초점을 옮겼습니다.

가습기 살균제 참사가 왜 일어났는지 살펴보면 공포 마케팅의 허상을 알 수 있습니다. 유공(현 SK케미칼)이 판매했던 '가습기메이트' 제품의 광고 문구는 "가습기를 끄십시오! 가습기메이트가 없으시다면"이었습니다. 집에서 사용하는 초음파 가습기는 이틀만 물을 갈지 않아도 세균이 처음보다 10배 이상 증가한다고 강조했습니다. 가습기에서 번식하는 세균이 건강을 위협하기 때문에 살균제 없이는 가습기를 사용하지 말라는 취지입니다.

가습기 살균제 참사의 근본 원인은 제조사가 흡입 독성을 제대로 검증하지 않은 탓입니다. 여기에 정부가 인체에 위해할 가능성이 큰 제품을 제대로 규제하지 못한 실책이 더해진 것이죠. 그런데 가습기를 잘 씻어주고 물을 자주 갈아주면 세균 걱정은 하지 않아도 됩니다. 만약 공포 마케팅 대신 '물을 자주 갈지 않고, 가습기를 자주 씻지 않는 사람'만 가습기메이트를 사용하라고 광고했다면 어땠게 됐을까요? 그럼에도 일부 피해자가 발생했겠지만 일반적인 가습기 사용자는 피해를 보지 않았을 겁니다.

오늘도 숱한 제품이 공포를 자양분 삼아 판매되고 있습니다. 기후변화 탓에 감염병 대유행 주기가 짧아지고 있습니다. 기회를 놓칠세라 기업들은 공포 마케팅에 혈안이 됐습니다. 아이가 살고 있는 집에 살균제를 뿌리는 공기 살균기를 놓으라는 업체도 있고, 효과도 없는 항균필름 한 장만 엘리베이터에 붙이면 감염 우려가 사라질 것처럼 홍보하는 업체도 있습니다.

이런 공포 마케팅에 맞닥뜨리면 평정을 잃지 않는 게 가장 중요합니다. 이 물건을 구입하는 것이 실질적인 위협을 얼마나 낮추는지 과학적 근거를 따지는 자세가 필요합니다. 위험을 극복하겠다고 위협에 굴복해선 안 됩니다.

막연한 전승(달라진 시대상)

선풍기 사망설, 예방접종 후 샤워 금지설 등이 여기에 해당됩니다. 과학적 근거를 갖고 검증하려는 시도조차 하지 않기 때문에 루머가 지속적으로 생명력을 갖게 되는 겁니다. 제가 어릴 적, 부모님은 "밤에 휘파람(피리) 불면 뱀 나온다", "밥 먹고 바로 누우면 소 된다", "불장난하면 오줌 싼다"는 류의 말씀을 많이 하셨습니다. 반항기와 호기심으로 뭉친 소년은 몸소 하나씩 실험해보면서 부모님의 경고가 거짓임을 깨닫게 되었죠.

물론 밤에 피리를 불면 이웃에게 피해가 가고, 밥을 먹고 바로 누우면 역류성 식도염이 생겨 신물이 올라오고, 불장난을 하면 걷잡을 수 없는 화재로 이어질 수 있다는 점은 잘 알고 있습니다. 그러나 매사에 이런 식이면 곤란합니다. 어릴 적부터 인과관계를 명확하게 이해할 수 있는 과학적 방법론을 체득하게 해주는 게 더 바람직하지 않을까요?

누군가가 몸에 좋다고 하면 제대로 알아보지도 않고 선뜻 먹고 보는 분들이 많습니다. 무언가 선택하고 판단해야 할 때 근거를 찾아보는 것은 굉장히 중요한 과정입니다. 과학적 영역에서도 과학 외의 영역에서도 굉장히 중요합니다.

제가 경력 사칭자를 추적할 때의 일입니다.

자신을 K대학 겸임교수라고 소개하던 B씨는 대통령 전담 통역관을 역임했다고 떠벌리고 다녔습니다. 그가 홍보하고 다닌 이력은 외교부 서기관, 주한미국대사관 외교관, 국회 통역관 등 다양하고 화려했습니다. 하나씩 검증해봤더니 모두 거짓이었습니다.

그는 공무원 교육기관 등에서 700차례가 넘도록 '청렴 강의' 등을 진행한 자칭 '스타 강사'였습니다. 경력 사칭자에게 공무원들이 '청렴 강의'를 듣는 실태가 한심해 고발 기사를 썼죠. 그것도 여러 차례 썼습니다. 그런데 여러 차례 기사로 다룬 후에도 이 경력 사칭자를 초빙해 강의를 맡긴 사례를 찾아볼 수 있었습니다. 도대체 왜 경력 사칭자에게 강의를 맡기는 걸까요? 대부분은 몰랐다고 합니다. 이제 알았으니 다시는 안 맡기겠다고 하죠. 그럼 애초에 이 사람은 어떻게 알고 섭외했을까요? 옆 지자체에 강의를 나간 경력을 보고 섭외했다고 합니다. 이건 10곳에 물어봐도 모두 똑같이 대답합니다.

'옆 동네에서 강의한 사람이니까 기본적인 검증은 다 된 상태겠지'라고 막연히 짐작하는 겁니다. 그 옆 지자체도 이전에 다른 지자체 출강 경력을 보고 강의를 맡긴 것이었습니다. 결국 단 한 곳만 뚫으면 그 이후로는 막힘없이 강의를 하고 다닐 수 있는 겁니다. 왜 이런 일이 생길까요? 검증하지 않기 때문입니다. 경력증명서 등 근거 자료를 제출하라고 요구하고 개인정보활용동의서를 받아 그 근거 자료가 사실인지 확인해야 하지만 바쁘고 귀찮기 때문에 안 하는 겁니다. 이런 이유로 경력 사칭자에게 저와 여러분이 낸 세금이 '청렴 강의' 강연비로 지불됐습니다. 경력을 사칭한 사람이 도대체 무슨 '청렴'을 가르칠 수 있는지 의문입니다.

과학이든 인문학이든, 연구를 하든, 기사를 쓰든, 논문을 쓰든 물건을 사든 근거를 확인하는 것은 굉장히 중요한 과정입니다. 막연히 '옛날부터 그래왔으니까', '남들도 다 그러니까' 하면서 따라 하다 보면 반드시 후회할 일이 생깁니다. 내 머리로 생각하고 근거를 확인해서 스스로 선택하는 것, 후회를 남기지 않는 지름길입니다.

무지에 대한 수치심 자극(다들 아시죠?)

전공 분야가 아니면 잘 모릅니다. 다들 마찬가지입니다. 저는 인문계 고등학교 문과를 졸업하고, 대학에서는 신문방송학을 전공했습니다. 20대 후반에 기자 일을 시작했는데요, 환경 담당으로 배정받아 환경 분야를 취재했습니다. 환경 분야는 자연생태, 대기·수질·토양 오염, 환경 보건, 폐기물 관리 등을 다루는데 과학적 배경지식 없이는 이해하기가 어렵습니다. 또 생물학, 환경공학, 보건학 등 다양한 학문 분야와 연결돼 있습니다.

신문방송학과 전공인 저로서는 담당 공무원이 설명해도 잘 알아듣지 못하는 일이 많았습니다. 질문을 하려고 해도 뭘 알아야 질문을 하는 것 아니겠습니까? 그래도 모르면 물어보라고 배웠기 때문에 못 알아듣고 모르겠는 것은 나머지 공부를 해가면서 물어봤습니다. 담당 공무원이 '이런 것도 모르냐'는 듯한 눈빛으로 쳐다볼 때도 있었지요.

답답한 마음 반, 환경 분야를 좀 더 깊이 알고 싶다는 마음 반으로 공부를 시작했습니다. 한국방송통신대학교 환경보건학과에 진학했습니다. 이후 대학원에도 들어가 학업을 이어갔습니다. 아는 만큼 보이고 고민한 만큼 느낀다고 하던가요. 역시 배움은 좋은 것입니다. 문제의식이 뚜렷해지고 취재에 깊이가 더해졌습니다.

모르면 묻고, 배우면 됩니다. 모르는 것은 부끄러운 게 아닙니다. 모르는데도 묻지 않는 것이 부끄러운 것이고, 모르는데도 배우지 않는 것이 부끄러운 겁니다. 과학을 빙자해 사기를 치는 업자들은 자주 무지에 대한 수치심을 이용합니다.

대학 시절 이삿짐 센터 아르바이트에 같이 가자던 친구에게 속아 다단계 업체 교육장에 들어간 적이 있었습니다. 또래 청년이 자신은 직급이 굉장히 높고 자기가 관리하는 하위 직원이 많아 수입도 많다고 자랑을 늘어놨습니다. 뭘 팔기에 그렇게 돈을 많이 모았을까 궁금하던 차에 제품을 소개했습니다. 건강기능식품이었는데 거의 만병통치약 수준으로 효능을 선전했습니다. 일단 가지고 가서 먹어보라고 권유도 했습니다. 그런데 먹다 보면 명현현상이 나타날 수 있다고 했습니다. 당시에는 처음 들어보는 말이어서 그냥 넘어갔습니다. 약효가 발휘되는 과정 중 일시적으로 몸이 안 좋아지는 현상이라고 설명했다는 기억이 납니다. 지금 같으면 대번 따져 물었겠지만 그때는 풋풋한 청년이었고 물어보는 일에 익숙하지 않았습니다. 하여튼 느낌이 너무 좋지 않아서 다단계 교육장에서 곧바로 도망쳐 나왔습니다.

그리고 어느 날 기사를 통해 명현현상을 접하게 됐습니다. 식약처는 2019년 2월 〈건강기능식품 명현반응이라는 말에 속지 마세요〉라는 보도자료를 배포했습니다. 식약처는 건강기능식품을 먹고 나타나는 소화불량, 가려움, 변비·설사 등의 이상 증상을 '명현현상' 또는 '호전반응'이라고 하는 말에 속아 계속 섭취해서는 안 된다고 강조했습니다. 명현현상은 치료 과정에서 일시적으로 예기치 않은 다른 증세가 나타나는 것을 일컫는 말이나, 현대 의학에서는 인정하지 않는 개념이라고 설명합니다. 이상 증상을 명현현상이라고 속여 판매하는 업체들은 소비자에게 "일시적으로 몸이 나빠졌다가 다시 좋아지는 현상"이라고 거짓으로 설명하고 환불 및 교환을 거부했으며, 같은 제품을 계속 섭취하도록 하거나, 섭취량을 2~3배 늘리게 하거나, 다른 제품을 추가 구입하도록 유도한 것으로 확인됐습니다. 식약처는 건강기능식품은 안전성이 확보된 원료를 사용해 안전하게 제조된 식품이지만 개인에 따라 이상 사례가 나타날 수 있으므로 이상 증상이 발생할 경우 즉시 섭취를 중단하고 의사와 상담해야 한다고 권고했습니다.

실제로 건강기능식품을 판매한 약사들이 명현현상을 강조하다 유죄를 선고받은 사례도 있습니다. 대구지방법원은 2021년 4월 업무상과실치상으로 기소된 약사 2명에게 각각 벌금 300만 원을 선고했습니다. 이들은 건강기능식품을 아토피 피부염 특효약이라고 설명해 100만 원 상당 2개월치 분량을 판매했습니다. 이를 먹은 소비자는 아토피 피부염은 개선되지 않고 오히려 정도가 매우 중한 부종, 피부 변색이 발생했고, 가려움 증상이 심해져 '일상생활을 할 수도 없다'고 하소연하는 지경에 이르게 됩니다. 소비자는 약사에게 이런 부작용을 여러 차례 이야기했지만 약사들은 "발생한 증상은 치료 과정에서 나타나는 명현현상"이라고 설명했습니다. 판매한 2종류의 건강기능식품 중 1종류는 중단하라고 했지만 다른 1종류는 양을 더 늘려 먹으라고 안내했습니다. 소비자는 이후 증상이 계속되자 대학병원에 내원해 독성홍반, 약물발진을 진단받고 입원 및 통원 치료를 받게 됐습니다.

법원은 진단서를 근거로 소비자 피해와 제품 복용 간의 상관관계를 인정했습니다. 그러나 '명현현상'이었다는 약사들의 주장에 대해선 '증명이 없다'고 판단했습니다. 재판부는 약사들의 주의 의무 위반을 인정하며 "두 제품을 복용한 소비자 측에서 증상 악화를 호소함에도 불구하고 의사의 진료를 받아보도록 하는 등의 조치를 취하지 아니하고 계속 복용하도록 했다는 것"이라고 지적했습니다.

모르면 묻고 알아보고 찾아보는 자세가 중요합니다. 이 사례에서는 소비자가 '명현현상'을 맹신하고 약사를 맹신했기 때문에 피해를 입었습니다. 명현현상을 의학계가 인정하고 있지 않다는 것, 정부가 주의하라고 권고했다는 사실을 알아봤다면 피해를 키우지 않았을 겁니다. 제품 판매자가 "명현현상 아시죠?"라고 물었을 때, 소비자가 "아니요. 모르겠는데요. 그게 뭐죠?"라고 되묻고 명현현상에 대해 찾아봤다면 하는 아쉬움이 남습니다.

의도적인 통계 왜곡

최춘식 의원의 황당 주장이 여기에 속합니다. 코로나19 발병 초기에 왜 백신을 빨리 들여오지 않느냐고 정부를 다그치던 최 의원은 어느새 백신 무용론을 주장하는 안티백서로 돌변합니다. 정부를 비판해 반사이익을 누리겠다는 정치적 목적이 깔려 있었던 것으로 판단됩니다. 최 의원의 코로나19 관련 보도자료를 보면 일관적인 흐름이 보입니다. 모든 부정적인 현상은 백신 탓으로 결론짓고 통계를 짜맞추는 겁니다. 과학적인 분석과 합리적인 해석은 안중에 없습니다. 오로지 정부를 비판하겠다는 일념으로 백신 접종 정책과 백신 자체를 공격했습니다. 이후 자신이 소속된 정당이 집권했지만 새정부의 '과학방역'과 상충하는 포지션을 잡게 됐습니다. 윤석열정부는 백신 접종의 필요성을 강하게 주장하고 있지만 최 의원은 백신 무용론을 줄기차게 주장했기 때문이죠.

최 의원은 백신 접종 시점 전후로 기간을 나눠 119 출동 건수를 비교합니다. 백신 접종 이후 119 출동 건수가 늘어났다는 점을 발견하고 '백신의 효과가 없다는 걸 방증한다'고 결론을 내립니다. 최 의원은 119 출동 체계에 대한 지식이 전혀 없는 듯합니다. 그게 아니라면 악의적인 왜곡입니다. 최 의원은 백신 접종 이후 119 출동 건수가 늘어난 현상을 백신이 코로나19 감염 예방에 효과가 없고 부작용 발생 빈도가 높다는 자신의 주장과 결부시켰습니다. 인과관계가 성립이 되지 않는 두 가지 명제를 억지로 엮은 것이죠. 119 구급 신고는 코로나바이러스 이외에도 환자 이송이 필요한 모든 신고를 대상으로 접수합니다. 모든 질병의 발병률, 사고 발생률이 해당 기간 동안 변하지 않고 코로나19 백신 접종만 이뤄졌다면 최 의원의 주장이 성립할 수 있을지도 모르지만 현실은 그렇게 단순하지 않습니다.

백신이 코로나19 감염 예방에 효과가 있는지 밝히려면 접종자와 미접종자의 감염률을 비교해야 합니다. 백신 개발 단계에서 임상시험을 통해 입증하는 것 중 하나가 감염 예방에 효과가 있는지 여부입니다. 백신 부작용 발생 빈도가 높다는 것을 입증하려면 백신 접종자 수 대비 부작용 신고율을 파악하면 됩니다. 이것도 역시 백신 개발 과정의 임상시험 단계에서 안전성을 평가하는 지표로 사용됩니다.

'119 신고가 늘었다 → 백신 부작용 때문이다. 119 신고가 늘었다 → 백신의 감염 예방 효과가 없어서 확진자가 늘었기 때문이다.' 이렇게 주장하는 거라면 굉장히 심각합니다. 119 출동 증가를 코로나19와 연관 지어 분석하려면 119 구급 신고 가운데 코로나19와 연관된 신고 건수가 늘었는지 여부를 살펴야 합니다. 그러나 아쉽게도 우리 소방청은 119 신고 가운데 코로나바이러스 관련 신고만 분류해 집계하고 있지 않습니다.

최 의원이 정말 국민을 생각하는 충정으로 백신의 실제 접종 단계에서 효과성과 안전성을 검증하고자 했다면 과학적인 방식으로 데이터를 분석하고 의미를 부여했을 겁니다. 그게 보편타당하고 설득력을 얻을 수 있는 방법이니까요.

근거 없는 믿음 강요

울릉도는 바닷가 염분 때문에 확진자가 없다는 사례와 뒤로 걷기가 성기능을 향상시켰다는 사례가 여기에 해당합니다.

언뜻 보면 과학적 근거를 제시하고 있는 것 같지만 사실은 우기기에 불과합니다. 그럴싸하고 번듯해 보이는 실험 결과를 하나 끌어다 대놓고는 아무렇게나 이야기한 것입니다.

바닷가 염분 때문에 울릉도에 확진자가 없다는 이야기는 울릉도를 담당하는 복수의 지역 언론이 쓴 기사에서 출발했습니다. 캐나다 연구진이 염분으로 코팅한 마스크가 항바이러스 효과를 거뒀다는 연구 결과를 발표했고 이를 중앙일보가 보도했는데, 이를 자의적으로 해석한 겁니다. 울릉도 사람들 몸에 염분이 배어 있어 코로나19에 걸리지 않는다고 말이죠. 제가 확인한 2023년 1월 27일까지 울릉군의 누적 확진자 수는 2173명이었습니다. 전체 인구 8996명(2022년 12월 기준) 가운데 24.1%가 확진된 겁니다. 염분 덕에 감염 안 된다고 보도했던 그분들은 일언반구 반성이 없습니다.

지하철에서 코로나19 바이러스가 검출되지 않았으니 안심하고 타라는 이야기는 서울시보건환경연구원에서 나왔습니다. 연구원은 확진자가 방문하거나 이용한 대중교통 25곳을 대상으로 소독·방역 조치 후에 검체를 채취해 검사했습니다. 감염병 대유행 속에서 국민을 안심시키는 것이 공무원의 역할일 수는 있습니다. 그러나 연구자의 입장에서 '소독 후 검체 검사를 실시해 바이러스가 발견되지 않았다'는 게 무슨 의미가 있는지는 모르겠습니다. 소독을 꼼꼼히 잘했으면 당연히 바이러스가 검출되지 않는 게 정상이기 때문입니다. 게다가 지하철 등 대중교통은 차고에서 나오기 전 소독했더라도 이용객이 오르내리면서 소독한 표면이 언제든 오염될 가능성이 있습니다. 여러모로 부적절한 실험과 언론 홍보였다고 볼 수 있습니다.

뒤로 걷기가 성기능을 개선한다는 기사는 더욱 가관입니다. 연구자는 논문을 통해 뒤로 걷기가 성기능 개선에 통계적으로 유의미한 효과가 없었다고 밝혔습니다. 그러나 언론 인터뷰에서는 뒤로 걷기가 성기능 개선에 도움을 준다며 스스로 논문 결론을 뒤집는 발언을 했습니다. 도대체 과학자로서의 기본은 어디로 간 것인지 궁금합니다.

이런 과학을 빙자한 허위 정보는 어떻게 검증해야 할까요? 논문을 찾아보고 실험 설계가 적절한지, 실험 결과를 제대로 설명하고 있는지 확인하는 방법이 있습니다. 비전공자인 저도 논문을 검색해서 많은 정보를 얻고 있습니다. 해외 논문이라고 해서 지레 겁먹을 필요는 없습니다. 번역기라는 훌륭한 도우미가 있으니까요.

구글 스콜라, 국회 도서관, 국립중앙도서관, 한국연구정보서비스(RISS), 국가과학기술정보센터(NDSL) 등을 이용하면 어렵지 않게 논문을 검색할 수 있습니다.

분명 이상한 것 같은데 어디가 이상한지 정확히 알 수 없다면 전문가에게 도움을 구해보세요. 언론사 팩트체크팀은 제보에 목말라 하고 있습니다. 메일을 보내세요. 우리가 과학을 빙자한 허위 정보와 맞서 싸워야 우리 부모님과 자녀들이 사기 피해에서 벗어날 수 있습니다. 특히 과학을 다뤄보신, 또는 다루고 계신 여러분들의 도움이 절실합니다. 내 분야가 아니라고 침묵하지 말고 목소리 내주시기를 부탁드립니다.

★ 에필로그 ★

저는 태국에서 3년 반 정도 머문 적이 있습니다. 태국에서 사서 쓰던 선풍기를 갖고 들어와 지금도 사용하고 있습니다. 그런데 우리나라 선풍기와는 달리 타이머가 없습니다. 풍량과 회전을 조절하는 버튼만 있죠. 처음에는 잘 때 어떻게 끄나 고민했습니다. '선풍기 틀어놓고 자면 죽는다'던 어른들의 말이 문득 생각났기 때문이죠. 그렇지만 태국의 밤은 워낙 덥기 때문에 그냥 쭉 틀어놓고 잘 때가 많았습니다. 자연스럽게 '선풍기 사망설'은 저한테는 아무런 의미 없는 말이 돼버렸죠.

종합 일간지 기자로 10여 년을 일하다가 육아휴직과 경력 단절을 겪은 뒤 팩트체크에 입문했습니다. 팩트체크는 사실 여부를 가려내는 작업인지라 감정에 호소해 구독자를 들끓게 한 뒤 지갑을 여는 흔한 유튜브 채널과는 달리 상업적 성공을 기대하기 어려웠습니다. 그러나 바쁘고 귀찮다는 이유로 사실 확인을 포기한 가족과 이웃을 보면서 누군가는 해야 할 일이라는 걸 깨달았습니다.

사람들은 모험을 싫어합니다. 앞선 사람이 지나간 길을 따라가려는 습성이 있습니다. 조선시대 서산대사는 "눈 밟으며 밤길 걸어갈 때 모름지기 허튼 걸음 말라. 오늘 내가 남긴 발자국이 마침내 뒤 따르는 사람의 길이 되리니"라는 유명한 시를 남겼습니다. 남들이 다녀서 이미 길이 된 곳, 그 곳으로만 가면 발이 빠지지도 않고 잘못된 곳으로 가서 길을 잃을 우려도 없을 겁니다.

트리나 폴러스의 《꽃들에게 희망을》이라는 책을 읽어보셨나요? 삶을 탐구하고자 길을 떠난 호랑 애벌레는 다른 애벌레들이 줄지어 거대한 기둥으로 향하는 행렬에 동참합니다. 그 끝에는 무엇이 있었을까요? 애벌레들은 서로가 서로의 머리를 밟고 꼭대기로 오르지만 그 끝에는 추락하는 애벌레뿐이었죠. 모두가 허상을 쫓고 있었던 겁니다.

팩트체크 전문 미디어 '뉴스톱'에서 일하는 동안 숱한 허위 정보를 검증하면서 도대체 사람들은 왜 허위 정보를 만드는지와 조금만 생각해보면 말도 안 된다는 걸 쉽게 알 수 있는 허위 정보가 어떻게 유포되는지에 주목하게 됐습니다. SNS 확산은 인플루언서를 낳았고, 인플루언서가 되려고 자극적인 정보를 제작해 유포하는 사람들이 늘어나기 시작했습니다.

맵고 짜고 달게 만든 음식이 잘 팔립니다. 떡볶이, 김밥에 '마약'이라는 이름이 붙어도 우리는 무덤덤하게 받아들일 정도가 됐습니다. 자극성이 클수록 이런 음식은 잘 팔리는 경향을 나타냅니다. 어쩌다 한 번씩 스트레스 풀 듯 맵고 달고 짠 음식을 먹는 것은 건강에 큰 영향을 주지 않을 겁니다. 그러나 매번 이런 음식만 먹고 산다면 우리 몸이 견디기 어려울 겁니다.

정보도 마찬가지입니다. 말초적이고 자극적인 정보만 받아들인다면 우리 뇌가 견디기 어려워합니다. SNS, 특히 유튜브는 조회 수를 빨아들여야 장사가 되고, 인플루언서가 됩니다. 이들에게 정보의 사실 여부는 중요하지 않습니다. 오로지 자신의 이익을 극대화하는 방향으로 콘텐츠를 제작해 유포합니다. 자극적이고, 강렬하고, 눈길을 끄는 데에만 관심이 있습니다.

유튜버와 인플루언서가 여러분의 클릭을 빨아들여 조회 수를 높이고 광고 단가를 높이는 방식으로 경제적 이익을 취하고 있는 사이에 또 다른 무리가 여러분의 주머니를 털고 있습니다. 바로 과학의 탈을 뒤집어쓰고 불량 제품을 판매해 한몫 잡으려는 업체들이죠. 기업의 규모는 상관없습니다. 번듯한 대기업부터 처음 들어보는 중소 벤처까지 기업의 속성은 모두 같습니다. 바로 이윤 추구죠. 그 이윤은 여러분의 주머니에서 비롯됩니다.

현대인은 과학기술로 만든 제품이 삶을 윤택하게 해주는 경험을 해봤습니다. 그리고 불편하고 어려운 일을 과학기술의 힘으로 극복하기 시작했습니다. 소비자들은 과학의 힘으로 탄생한 제품을 구매해 일상의 어려움을 극복했죠. 세탁기와 전기밥솥, 자동차가 없었다면 어떻게 살고 있었을까요?

어릴 적 빨간 고무통에서 이불 빨래를 밟던 생각이 납니다. 지금은 대용량 세탁기가 빨래 밟기를 대신합니다. 세탁기는 우리의 삶을 획기적으로 바꿔놨습니다. 우리는 과학기술에 세탁기와 같은 유형의 기대를 합니다. 업체들도 이를 잘 알고 있습니다. 그래서 과학이라는 말을 앞에 내걸고 장사를 합니다.

코로나19 국내 발병 초기부터 지금까지 우리는 관련 업체들의 공포 마케팅을 목격했습니다. 공기청정기에 바이러스 제거 기능을 추가했다는 대기업부터 아기가 있는 방에 살균제를 뿌리는 공기 살균기를 들여놓으라는 중소 업체까지 대중의 감염 공포를 부추기면서 한몫 잡겠다는 상술이 그득

합니다.

부모라면 아기의 건강을 지켜주고 싶을 겁니다. 물건 하나 들여놔서 아기의 건강을 지킬 수 있다고 하면 과감히 지갑을 열 분들도 많을 겁니다. 그러나 물건을 들여놓기 전에 우리는 먼저 생각해야 합니다. 과연 지금 들여놓은 물건이 아이의 건강을 지킬 수 있을지 말이죠.

가습기 살균제 참사를 떠올려봅시다. 지금은 잊힌 이름이 됐지만 번듯한 대기업이던 '유공'은 '세계 최초'로 가습기 살균제를 만들고 물량 공세를 펼쳤습니다. 당시 광고 카피는 "내 아기를 위하여! 가습기엔 꼭 가습기메이트를 넣자구요"였습니다. 대기업에서 만들고, 버젓한 언론 매체에서 매일같이 광고가 쏟아지고, 나라에서 팔도록 허가한 제품이었습니다. 이후 유사 제품이 쏟아졌고, 잘 팔렸습니다. 그 결과는 어떻습니까? 정부가 인과관계를 인정한 사망자 수는 1098명(2022년 12월 기준)입니다.

이 사건 이후 '화학제품안전법'이 제정되면서 살균제 등 살생물제에 대한 관리가 강화됐습니다. 그러나 아직도 우리 생활 곳곳에서 과학을 빙자한 제품이 우리의 건강과 안전을 위협하고 있습니다. '음이온' 효과를 강조하던 침대에서 방사성물질인 라돈이 뿜어져 나왔습니다. 라돈 침대 피해자의 암 발생률이 일반인보다 5배 이상 높다는 연구 결과가 있었습니다. 그러나 우리 법원은 라돈 침대가 피해자들의 암을 유발했다는 직접적 인과관계가 입증되지 않았다는 이유로 피해자들의 손해배상 청구를 기각했습니다.

지금 여러분이 구매를 망설이는 제품이 있다면 효과와 안전성을 살피십시오. 얻을 수 있는 정보를 최대한 동원하십시오. 일단 제품의 광고 문구를 살피고, 광고가 주장하는 내용에 대한 근거가 있는지를 찾아보십시오. 그리고 업체가 제시하는 근거가 타당한지 판단하십시오. 상식 선에서 판단하기 어렵다면 전문가의 도움을 구하십시오. 저도 팩트체크로 도와드리겠습니다.

이 책을 끝까지 읽은 여러분은 과학적 근거를 따지는 일의 중요성을 깨달으셨습니다. 아울러 사실 여부를 확인하는 팩트체크가 우리 삶에 도움이 된다는 점도 파악하셨을 테죠. 여러분이 응원하고 싶은 팩트체크팀 하나 정도는 후원해주십시오. 그래야 여러분들이 바쁘고 귀찮을 때 누군가는 여러분을 대신해 사실을 확인할 수 있을 테니까요. 기다리겠습니다.